民航食品概述与客舱服务

周为民　孙　明　编著

清华大学出版社

北京

内 容 简 介

本书以目前国内航空公司的客舱服务内容为基调，结合航空食品产业的介绍，使学生全面了解目前民航客舱服务的实际情况。本书一共八章内容，前三章主要介绍航空食品发展概况，后五章全面介绍了客舱服务包含的所有要点。本书客舱服务内容可作为各航空公司通用性理论指导，为学生深化学习客舱服务知识打下良好的前期基础，帮助学生更好地胜任本职工作。

本书重实用性与通用性，剔除过时的服务理念与服务内容，紧密结合当下航空公司的发展战略。本书既可以作为空中乘务及相关专业的教材，也可以作为乘务员的理论指导书。

图书在版编目(CIP)数据

民航食品概述与客舱服务/周为民，孙明编著. —北京：清华大学出版社，2021.5

ISBN 978-7-302-58079-9

Ⅰ．①民… Ⅱ．①周… ②孙… Ⅲ．①民用航空—食品—基本知识 ②民用航空—旅客运输—商业服务 Ⅳ．①TS207.7 ②F560.9

中国版本图书馆CIP数据核字(2021)第075701号

责任编辑：张　瑜
封面设计：杨玉兰
责任校对：吴春华
责任印制：丛怀宇

出版发行：清华大学出版社
　　　　　网　　址：http://www.tup.com.cn，http://www.wqbook.com
　　　　　地　　址：北京清华大学学研大厦A座　　邮　　编：100084
　　　　　社 总 机：010-62770175　　　　　　　邮　　购：010-62786544
　　　　　投稿与读者服务：010-62776969，c-service@tup.tsinghua.edu.cn
　　　　　质量反馈：010-62772015，zhiliang@tup.tsinghua.edu.cn
　　　　　课件下载：http://www.tup.com.cn，010-62791865

印 装 者：三河市铭诚印务有限公司
经　　销：全国新华书店
开　　本：185mm×260mm　　印　　张：11.75　　字　　数：222千字
版　　次：2021年7月第1版　　印　　次：2021年7月第1次印刷
定　　价：49.00元

产品编号：063590-01

前　言

随着民航事业的蓬勃发展，各航空公司也在不断调整企业发展战略，无论是传统的全服务航空公司还是转型的差异化服务航空公司，为了满足旅客的不同需求，航空公司的客舱服务不断推陈出新，越来越重视个性化需求，陈旧的客舱服务内容已经不能体现当下的客舱服务理念。作者结合航空食品产业与客舱服务，以全新视角编撰本书，介绍目前国内航空公司的客舱服务特点，力图为学生展现贴合目前实际民航工作的客舱服务形式，使学生学到更符合实际工作内容的专业知识。

本书第一章介绍了航空食品产业的形成与发展；第二章介绍了航空食品的制作与卫生安全；第三章介绍了航空食品中的重要组成部分——特殊餐食；第四章是 客舱服务概述，包括服务理念、服务认知和服务工作四个阶段；第五章介绍了客舱服务操作规范的相关内容；第六章介绍了机上餐饮服务的相关内容；第七章介绍了机上广播服务的相关内容；第八章介绍了特殊旅客服务的相关内容。

通过阅读本书，希望学生能全面了解航空公司的服务理念与客舱服务工作内容，同时对民航食品有更深的认知，并且学以致用。

由于编写时间有限，作者能力有限，教材中难免有不足之处，恳请各位专家、老师和同学批评指正。

编　者

目　录

第一章
航空食品产业概述

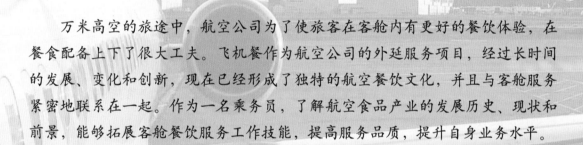

　　万米高空的旅途中，航空公司为了使旅客在客舱内有更好的餐饮体验，在餐食配备上下了很大工夫。飞机餐作为航空公司的外延服务项目，经过长时间的发展、变化和创新，现在已经形成了独特的航空餐饮文化，并且与客舱服务紧密地联系在一起。作为一名乘务员，了解航空食品产业的发展历史、现状和前景，能够拓展客舱餐饮服务工作技能，提高服务品质，提升自身业务水平。

第一节 航空食品产业简介

一、飞机餐的前世今生

飞机餐诞生至今已逾百年，它是伴随着第一架民用客机的运营而走上了历史舞台的。在公共航空运输出现之前，旅客们的"空中之旅"是由热气球来完成的。人们想在热气球上吃到热乎乎的食物并不是很容易，因为在狭小的空间里，火柴都是禁止使用的。虽然后来工程师发明了利用生石灰加水放热的化学反应原理加热食物的方法，但是用这种加热法加热的食物着实称不上好吃。

1919 年，"一战"刚刚结束，欧洲大陆百废待兴，一架由轰炸机改装的仅能容纳十人左右的飞机执行伦敦至巴黎的航线任务。时值正午，飞机上准备了出售给旅客的午餐：盛装在柳条篮中的冷炸鸡、水果沙拉和制作精美的三明治。至此，一份三明治打开了民航史上飞机餐的新篇章。

由于当时的飞机技术和条件有限，飞机餐一直是冷食。直到 1936 年，美国联合航空引进了道格拉斯 DC-3 型客机，并率先在飞机上增配了厨房，为乘务员提供了准备食物和储存热水的空间。乘务员可以在飞行途中冲泡热咖啡和茶水，做些三明治等小吃。由于早期飞机内部没有调节气压的设备，在正常的航线高度上，旅客是吃不到热餐的，提供热食需要降低飞行高度。有时候，飞机甚至会为了午餐而降落，在地面为旅客提供餐食，而飞机则在加油后继续完成剩余的航程。历史图片如图 1-1 和图 1-2 所示。

图 1-1 1936 年美联航厨房

图 1-2　1938 年厨师们为美联航准备机上餐食

　　在科技的进一步推动下，飞机功能不断提升，在高空中吃上热乎乎食物的梦想终于实现了。1958 年，泛美航空作为早期高端航空服务业的领军者，在飞机上安装了对流烤箱，并在广告中大肆宣传它们客机上的烤箱多么神奇，可在 300 秒内快速加热方便食品。从此，航空冷食时代结束，泛美航空引领飞机餐进入了热乎乎的新时代，历史图片如图 1-3 所示。

图 1-3　1958 年泛美航空乘务员在飞机上为旅客提供餐食

航空食品从以果腹为目的变为贴心的旅途体验，飞机餐在欧美进入了黄金时代。在飞机贵宾舱里，漂亮桌布、香槟红酒、纸杯蛋糕、烤牛排、龙虾和鱼子酱等这些在高级餐厅里才能见到的东西飞机上一样都不少。泛美航空的一则广告中说："高级厨师亲手制作精美餐品，让您获得高级餐厅享受。"飞机餐被航空公司打造成了奢侈品的象征，能享受此服务的只有富豪与名人。如图1-4和图1-5所示的图片摘自挪威的斯堪的纳维亚航空公司为庆祝成立70周年发布的一组飞机餐老照片。

图1-4　乘务员为旅客切腌肉火腿

图1-5　乘务员用瓷杯为旅客倒茶并配茶点

进入20世纪60年代，欧美坐飞机出行的人逐渐多起来，航空公司开始缩短客舱内座椅的间距。为了应对此时飞机餐的需求，同时降低运营成本，航空公司将飞机餐承包给大型餐饮企业，餐饮企业在机场附近的大厨房里烹调飞机餐，然后运送到飞机上。奢侈品餐食由此变成了快餐餐食，航空公司也将飞机餐重点从食物本身转移到如何提供良好的餐食服务上。一种更为高效便捷的供餐方式应运而生，乘务员推着满载食物的餐车出现在客舱过道中。利用餐车，乘务员既不必在客舱与厨房之间来回奔波，又不必担心在狭窄拥挤的过道中穿行会打翻食物，提高了乘务员的工作效率。同时，餐车内部的加热与冷却系统也在不断改进和革新，保证了旅客拿到食物时处于最佳温度，历史图片如图1-6和图1-7所示。

图 1-6　1966 年西部航空洛杉矶培训中心内乘务员相互之间练习空中提供餐饮服务

图 1-7　20 世纪 70 年代苏联航线经济舱

随着坐飞机出行走进欧美寻常百姓家，航空公司发现便宜的机票价格比豪华的美食更吸引人们，20世纪80年代的欧美航空餐迎来了"锡纸时代"。餐饮企业开始不眠不休地为航空公司提供快餐标准的用锡纸包装的餐食。餐饮企业把飞机餐烹煮后，运送到飞机上，在飞行途中，乘务员再将餐食加热后端给旅客。

20世纪90年代，机上厨房设施越来越先进，航空食品业也在持续蓬勃发展。飞机餐供应商开始聘请优秀的厨师主理餐食并设计菜单。大厨们考虑到海拔和气压对旅客味蕾会产生影响，在飞机餐的制作工艺上开始不断探索和革新，旅客们也越来越重视机上餐食的口味。

2009年，真空低温烹饪技术普及，大厨们可以更好地掌握食物烹煮的火候。航空公司与飞机餐供应商联手推出了新颖、美味又豪华的两舱餐食，选取高端食材制作特色菜品，推出精致下午茶，使旅客能在空中体验舌尖上的盛宴。

如今，航空公司为了迎合不同旅客的机上用餐需求，轻食餐、简餐、定制餐、特殊餐等纷至沓来，它们不仅美味，还有健康保证。航空食品业已经走向百花盛开的辉煌时代。

二、飞机餐供应商

所谓飞机餐供应商，就是人们常说的航空食品公司，俗称"航食"。他们专门为航空公司提供旅客所需的各种食物以及其他机供品，并且负责运送到飞机上。飞机餐供应商主要分为三种类型：独立运营的配餐公司、航空公司旗下配餐部门和机场旗下配餐部门。其中，独立运营的配餐公司均以合资控股的方式经营。航空公司出港航班餐食配备通常首选本公司旗下配餐部门，其次会选择出港机场旗下配餐部门或者有合作关系的独立配餐公司。通常人们在候机楼看到的，在机坪上穿梭着或者正在为飞机装配餐食的配餐车就是这些飞机餐供应商的车辆，如图1-8～图1-11所示。

图1-8　深圳航空配餐部配餐车

图 1-9　南通兴东国际机场配餐部配餐车

图 1-10　广州南联航空食品有限公司配餐车

图 1-11　Gate Gourmet 配餐车

图 1-8 中是深圳航空的配餐车。深圳航空设有自己的配餐部门——深航配餐，成立于 1997 年，作为深圳本土航空公司，深航配餐经过多年的餐食改革，在打造"空地一体化"的餐食体系上下足了工夫。2019 年，深航配餐成立了研发中心，以科学的数据作为配餐产品的开发与改革的依据，紧贴顾客需求，持续推出更具深航特色的餐品。

图 1-9 中是南通兴东国际机场配餐部的配餐车。南通兴东国际机场于 1993 年正式通航，是江苏最早通航的民用机场，民航局对其总体定位为"上海国际航空枢纽辅助机场"。机场设立了航空配餐部门，每天配餐量在 3000 ～ 4000 份，为中国国际航空、中国南方航空、深圳航空、东海航空、四川航空、昆明航空等航空公司提供配餐服务。

图 1-10 中是广州南联航空食品有限公司的配餐车。广州南联航空食品有限公司成立于 1989 年，是中国南方航空控股并与法国 Servair 公司及中国香港锐联投资有限公司合资经营的企业。2017 年 5 月 18 日，中国南方航空整合全公司航食系统资源，重组成立新的广州南联航空食品有限公司，新公司以原广州南联航空食品有限公司为平台，整合航食加工、供应、研发、配送等业务，推进航食系统一体化和产业转型。日配餐量近 21 万份餐，日配送 1200 多个航班，并为遍及全球 40 多家中外航空公司航班提供餐食和机供品服务，是国内规模最大的航食公司。南联的目标是：打造成为中国餐食最好的航食公司，形成产品种类丰富、品牌特色鲜明、知名度高的餐食品牌。

图 1-11 中是 Gate Gourmet 的配餐车。众所周知，新加坡航空公司是世界上最好的航空公司之一，其中一个重要指标就是新航的餐食。新加坡航空公司将餐饮部分外包给了世界领先的独立航空餐饮公司 Gate Gourmet，这是一家总部位于瑞士苏黎世机场的餐饮公司，拥有 122 家机场厨房，服务于五大洲，每年制作约 2.5 亿份餐食。

随着全球经济一体化的持续发展，飞机餐供应商之间的重组与合作越来越多，配餐能力越来越强，配餐设备越来越先进，配餐品种越来越丰富。而且，飞机餐供应商的业务范围也在不断扩展，航空、轮渡、火车均有涉猎，有些供应商成立了连锁门店，可供人们到店选购。比如，四川航空旗下的汉莎食品有限公司面向各类企事业单位推出团体营养餐服务；厦门航空于 2020 年 2 月在微信平台推出餐食外卖服务，包括招牌榨菜肉丝盖饭和网红黑椒鸡肉盖饭等；上海东方航空食品有限公司从专营航食转型为兼营航食和地餐的企业等。

民航旅客服务测评 (CAPSE) 发布的《2020 年第二季度航空公司服务测评报告》中，在《2020Q2 中国内地全服务航司机上餐饮综合得分》项目从餐食丰富程度、口味满意度、分量满意度以及饮品丰富程度等方面对航空公司机上餐食进行了综合评价，厦门航空、四川航空和中国南方航空的机上餐饮排名三甲，综合得分优于其他航司。如图 1-12 和

图 1-13 所示分别为 2020Q2 中国内地全服务航司机上餐饮综合得分和中国内地全服务航司名录。在《2020Q2 中国内地差异化服务航司机上餐饮综合得分》项目，从餐食品质和购买满意度等方面进行了综合评价，春秋航空、天津航空、首都航空、西部航空、祥鹏航空和中国联合航空的综合得分均超过了航司的平均值。如图 1-14 和图 1-15 所示分别为 2020Q2 中国内地差异化服务航司机上餐饮综合得分和中国内地差异化服务航司名录。

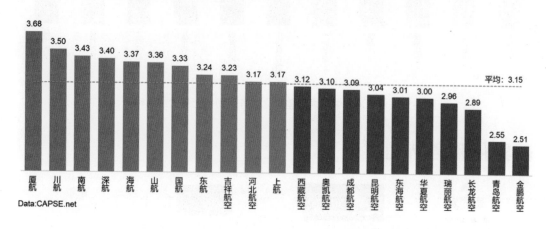

图 1-12　2020Q2 中国内地全服务航司机上餐饮综合得分

图 1-13　中国内地全服务航司名录

2020Q2差异化服务航司机上餐食综合得分

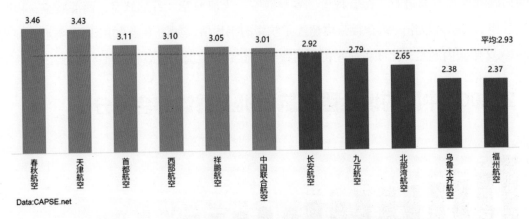

图 1-14　2020Q2 中国内地差异化服务航司机上餐饮综合得分

差异化服务航司

图 1-15　中国内地差异化服务航司名录

资料来源：http://www.capse.net

拓展小知识

　　全球最大的航空配餐供应商——德国汉莎天厨 (LSG Sky Chefs)，致力于为旅途中的人们创造无与伦比的美食体验，为每个价格类别提供完整的餐饮计划以及定制的食品解决方案，服务的客户遍及全球。Sky Chefs 起源

于美国，于 1942 年由美国航空在得克萨斯州成立，是世界上最古老的独立餐饮服务商。LSG 由德国汉莎航空于 1966 年在德国成立，是一家独立的公司。Sky Chefs 在美国和拉丁美洲建立了强大的市场地位之后，LSG 于 1993 年收购了该公司的股份。那时，两家公司已开始以 LSG Sky Chefs 品牌营销其航空餐饮。2001 年，LSG 完全收购了 Sky Chefs。至此，LSG Sky Chefs 一直通过在亚洲和非洲的合资企业与合作伙伴关系不断拓展全球市场业务。如今，LSG Sky Chefs 每年可提供超过 5.6 亿份餐点，遍布 53 个国家和地区的 205 个机场。

资料来源：http://www.lsgskychefs.com

第二节　中国航空食品业发展概况

一、中国航空食品业在首都机场启航

1958 年 3 月，北京首都机场建成，这是新中国成立后兴建的第一个大型民用机场，也是中国历史上第四个开通国际航班的机场，中国民航从此有了一个功能较为完备、条件较好的民用机场。伴随着首都机场的投入使用，航空食品的生产和配送成为中国民航发展的重要组成部分。

就在欧美飞机餐进入鼎盛的"黄金时代"，刚刚起步的中国民航还没有"航空食品"这一概念，出港餐食制作只是在候机楼附近的四合院内，设备简陋，没有专业厨师，基本上由人工进行小规模操作，配餐水准近乎大食堂水平，工作人员骑着自行车将保温桶和暖水壶等机供品送上飞机。飞机餐被放在铝制的饭盒里发给旅客，若是口渴了，乘务员会拎着暖水壶为旅客倒水。20 世纪 60 年代，比较精致的飞机餐是白煮蛋配蛋糕，有的航班还会给旅客发零食，如著名的大白兔奶糖，既好吃又能缓解起飞和下降阶段产生的压耳感，历史图片如图 1-16 所示。

进入 20 世纪 70 年代，国内航空公司为了提升客舱服务品质和体现尊贵感，向乘机旅客赠送带有航空公司标识的纪念品，如五支装的中华香烟、精美钥匙扣、折扇、飞机模型等。1975 年开始，乘坐中国民航国际航班的旅客可免费获得茅台一瓶，后来改为免费供应，直至 20 世纪 80 年代末才取消，历史图片如图 1-17 所示。除了茅台酒，飞机上还有橘子汁和可乐等饮品供旅客选择。相比当时中国社会物质相对匮乏的大环境，能乘坐一次飞机，吃一份飞机餐，再带回机上赠送的纪念品，是令许多中国人羡慕的事情。

图 1-16 1964 年，乘务员为旅客提供大白兔奶糖

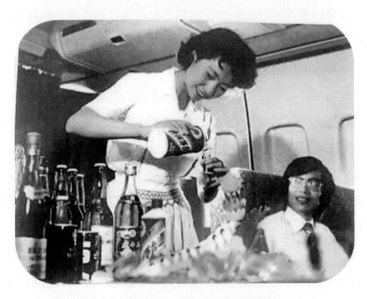

图 1-17 1982 年，乘务员为旅客倒茅台酒

二、20 世纪 80 年代 "001" 号的诞生

随着 1978 年十一届三中全会的召开，改革的春风吹遍了神州大地，中国民航事业的发展迎来了大好时机。1979 年邓小平同志赴美访问后，中美双方计划在 1980 年开通北京至旧金山的洲际航线，正是这次中美开航，给中国建立专业化航空食品企业提供了契机。

中美直航，意味着途中要为旅客提供两顿符合国际标准的正餐。美国泛美航空考察了当时北京出港配餐状况后连连摇头，给出了经停东京进行配餐的方案。"中途经停就不叫直航，配餐要在北京进行"，邓小平同志一锤定音。

制作符合国际标准的飞机餐迫在眉睫，紧要关头，时任新华社香港分社社长的王匡找到了香港最大的饮食集团——美心集团的主席武沾德请求帮助。武沾德表示能为国家做点事情当然义不容辞。1979—1980 年间，武沾德与女儿武淑清多次往返京港之间，与相关部门商谈合作开办航空食品企业的事宜。这期间，中国出台了一部具有重要意义的法律：《中外合资经营企业法》，经过多方努力，多次洽谈，1980 年 4 月，国家正式批准成立合资的北京航空食品有限公司。1980 年 5 月 1 日，享有"外资审字 (1980) 第一号"的批准文件编号，被誉为 001 号的合资企业——北京航空食品有限公司诞生了，内地出资 300 万元，占股 51%；港方出资 288 万元，占股 49%，如图 1-18 所示为当年的批复通知。

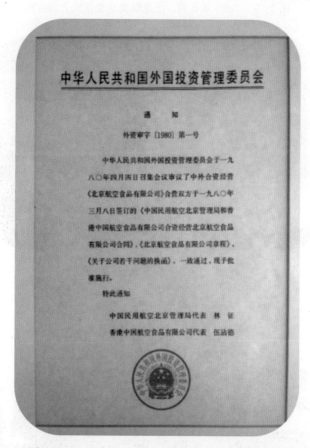

图 1-18　北京航空食品有限公司的批复通知，外资审字 (1980) 第一号

1980 年 5 月 1 日，中美直航如期开通，同一天，北京航空食品有限公司举行了隆重的开业典礼，历史图片如图 1-19～图 1-21 所示。5 月 2 日，泛美航空的首个航班从旧金

山抵达北京，翌日离京返美。航食工作人员看着飞机餐成功装上了飞机，辛苦与汗水在一瞬间化成了骄傲和自豪。中国民航的航空食品从此打开了一扇全新的大门，从大食堂转变成现代化航食企业，走出国门，走向世界。中国民航也结束了没有配餐公司的历史。

图 1-19　1980 年 5 月，北京航食成立仪式上的合影

图 1-20　1980 年的北京航食配餐车间

图 1-21　1980 年的北京航食配餐楼

作为第一家合资企业，北京航食有许多的创新和由内而外的改变。20 世纪 80 年代，厨房还是用烧煤方式取火，水管里只有冷水，案板是木头的。但在如今的北京航食的工作间里，用的是管道煤气，水管冷热兼备，案台厨具是全套美国制造的不锈钢设备。进口的食材、专业的设备、先进的西方管理模式，都极大地提升了北京航食的配餐品质与配餐能力。中餐的葱烧海参、烧鱼肚、油焖虾，西餐的煎牛排、奶油虾球、鹅肝酱，日式照烧鸡、天妇罗等都非常受欢迎。北京航食一方面研发餐食种类，中西兼顾，满足中外旅客的需求；另一方面在餐食质量和卫生标准上迅速与国际接轨，改进餐食的外观包装。合资公司成立 8 个月以后，日配餐量就翻了一番，到 1987 年，餐食种类达 600 余种，西餐占 45% 以上。

除了飞机餐外，北京航食的面包和西点几乎是当时全北京最好的，北京钓鱼台国宾馆、人民大会堂、建国饭店等都纷纷前来订购，甚至驻京的外国使馆、外资公司都慕名而来，希望北京航食为他们的晚宴、酒会配餐。

北京航食 1979 年合资前，还只是民航北京管理局运输服务部一个手工作坊式的配餐供应室，员工三十几名，日配餐量仅 600 多份；岁月如梭，经历了几十年的发展变迁，到 2019 年，北京航食已有员工 3000 名左右，日均配餐量超 10 万份，每日配餐航班超 500 架次，为 40 多家在北京首都国际机场起降的中外航空公司提供服务，每年有近 4000 万旅客品尝它提供的餐食。

三、蓬勃发展的中国航空食品业

20 世纪 90 年代，中国航空食品业迅速成长壮大，利好的国家政策也为航食企业的发展注入了活力。香港美心集团在与北京航空食品有限公司成功合作后，又与多家配餐企业合作成立航空食品公司，比如海南航空食品有限公司、西南航空食品有限公司等，通过餐食研发、冷链生产、质检化验等先进技术的实施，提高了我国航空食品的生产水平，丰富了我国航空食品的种类。此后，德国汉莎天厨也在国内多个机场成立了航空食品公司，将德国人周密严谨的作风带入行业之中。在不断引进外资的同时，国内各航司和机场也积极运作，相继成立了各自的航空食品公司。中国航空食品业如雨后春笋般遍及华夏土地。仅北京首都国际机场，就有三家航食企业为每天出港的航班提供配餐服务，它们分别是 1980 年 5 月 1 日成立的北京航空食品有限公司、1996 年开业的北京空港配餐有限公司和 2005 年开始运营的北京新华空港食品有限公司。

经过多年的改革发展，中国航空食品的种类已经发展到冷荤、沙拉、奶酪、汤、热食、面包、黄油、甜品、水果、冰品 10 个大项，100 多个小项，地方特色美食也被引入了空中厨房。

2002 年，中国民航开启了政资分开、机场属地化的重大改革，我国民航事业发展又向前迈进了一大步。万米的云端之上，航空食品愈来愈受到旅客的重视，飞机餐的优劣直接影响旅客对航空公司的忠诚度。如今的飞机餐既不是白煮蛋也不是葱烧海参，它更注重营养均衡，绿色健康。从八大菜系到地方特色小吃，从意法大餐到日韩料理，丰富的航空食品让旅途变得多姿多彩。

近十年来，我国旅游业不断发展壮大，带动了我国民航运输业高速发展，也为中国航空食品业创造了良好的客观条件和历史机遇。中国航空食品业除了不断探索更新航空配餐外，还积极参与到奥运会、世博会、亚运会、G20 峰会等国际性活动的配餐工作中，通过大型活动检验餐食质量，提高配餐水平。

四、航空食品业面临的问题与挑战

（一）飞机餐满意度有待提高

曾经有媒体对某航班 203 名旅客机上用餐情况进行问卷调查，仅有 3 名旅客认为"挺好吃"；约 10% 的旅客认为"很不好吃"；40% 的旅客认为"不太好吃"；余下的近 50% 的旅客认为"还可以""将就着吃"。

首先，旅客在飞行途中吃到的餐食都是经过二次加热的，口感上会受到一定的影响。由于机上的设备和空间有限，无法像餐厅一样现炒现吃，飞机餐只能在地面制作好以后进行冷藏，待配送至飞机上之后，由乘务员用烤箱再进行加热。其次，人在高空的时候，气压的变化会导致味蕾发生改变，对甜味和咸味的感知度会下降，故而飞机餐吃起来不那么香。再者，航空公司面对市场竞争，为了压缩运营成本，也会节省航空配餐的开支，一分钱一分货。基于这些客观因素，航空食品业还需要努力研发新技术，创建自动化生产平台，提高餐食产量，降低生产成本，并在餐食的品种、口味、分量以及营养搭配上不断改进。

在 2020 年的全国民航工作会议上，中国民航局局长冯正霖针对越来越多旅客抱怨机上餐食问题指出：进一步提升机上餐食服务水平，分时段、分航程细化优化标准。鼓励开发新的品种，适应中短途旅客出行的餐食需求，要把这项服务品质作为一个考核内容进行评价。

（二）飞机餐浪费严重

《航空食品安全规范》要求飞机餐从制作完毕到旅客食用，热食不能超过 36 小时，

冷食不得超过 24 小时。一般情况下，执行完 2 ～ 4 个航段后，飞机上未发放的餐食就要被销毁，不能回收。同时，为满足临时购票旅客等增量需求，配餐一般都宁多毋少。如此一来，势必导致一部分动都没动的飞机餐被扔掉。此外，即便是餐食已经发送到旅客手中，浪费现象也很普遍。除了"不好吃"这一因素之外，部分旅客已在地面提前用餐或无用餐需求，也是主要原因。机场工作人员介绍，机场里半数以上的垃圾来自餐食。《中国民航报》曾经报道，国内某机场每天清理从飞机上取下的残羹剩饭超过 12.5 吨。而每一份被浪费掉的飞机餐背后，还有餐食从制作、冷藏到配送的成本，增加机载重量耗费燃油的成本，从机上烘烤到地面回收的成本等隐性成本，这个数据不容小觑。

"一粥一饭，当思来之不易"。目前，国内航空公司积极响应中央号召，纷纷开始行动起来，采取多种方式减少"舌尖上的浪费"。其中，中国南方航空于 2019 年 4 月全球首家推出"绿色飞行"服务项目，创新地采用"互联网＋"的方式，通过提前获取旅客用餐需求、建设全流程一体化的跟踪平台，实现了餐食数量灵活可调、配餐信息实时可查、节能降耗精准可控，已经累计减少 39 万份机上餐食浪费，实现了服务工作既"亲和精细"，又"有效节约"的良好效果。作为低成本航空代表的春秋航空，一直推崇旅客出行按需点单；旅客需要途中用餐，可以乘机前通过 App、官网或在乘机时购买餐食，一方面可以降低旅客出行费用，另一方面可以从源头控制餐食备货数量，避免浪费。海南航空则推出餐食换积分的服务，不需要餐食的旅客可以获得额外积分。中国东方航空借助技术手段建立起一套精细化配餐方案，从原先"要多少有多少"的粗放供应转向"用多少供多少"的细致供应，实现了配餐标准化、规范化，有效减少采购、库存、生产各环节的非正常损耗。此外，北京首都机场、北京大兴机场、上海浦东机场、上海虹桥机场、西安咸阳机场、南京禄口机场等地的多家航空公司贵宾室内，都能看到印有"按需取餐，拒绝浪费""厉行节约，人人有责"的醒目提示标牌；旅客取餐时，贵宾室的服务员也会予以提示，鼓励、倡导旅客节约取餐。

（三）关注食品安全问题

2013 年 10 月 6 日，北京市民张女士乘坐国航 CA1268 航班返京，在飞机上吃了乘务员发放的晚餐，其中牛肉馅烧饼的包装上标注生产日期是 130929，保质期至 131002，张女士意识到自己吃了过期 4 天的食物。此后，有其他乘客开始呕吐，张女士的爱人和孩子也开始肚子疼。最终，飞机上大约有 20 人腹泻，厕所前排起了长队。当晚 10 点，国航客服人员带张女士一家人去了医院，检查结果是"肠炎待查"。2018 年 4 月 25 日，宝鸡市民王先生乘坐海南航空 HU7548 航班从南昌飞往西安，途中用餐时，被餐中的异物铁环硌

坏了牙齿，航空公司调查后给出赔偿200元的解决方案。2018年7月28日，包先生一行8人乘坐祥鹏航空8L9719航班从绵阳飞往三亚，飞行期间，包先生购买了7份飞机餐，45元一份，共计315元。准备用餐时，包先生发现自己的饭发霉了，与航空公司协商无果后，包先生不要求航空公司做任何赔偿，只希望航空公司能够给出一个令人满意的处理方案。2018年8月25日，李女士乘坐深圳航空ZH9877航班从深圳飞往杭州，餐食中配有锡纸蛋糕，打开密封塑料袋后发现里面有虫子，随即投诉。

　　面对飞机餐出现的种种问题，航空食品企业要把食品安全放在首位。第一，航空食品原材料的采购要符合安全规定，以绿色营养为主，无骨无刺，并在第一时间抽样做农残检测；第二，对供货商进行资格审核认证，供货商提供的每一批原辅材料必须通过严格的食品卫生检查，并出具相应的合格证书，同时航食企业还要不定期对供货商进行实地检查；第三，餐食加工车间必须符合生产环境卫生要求，车间通风明亮、设备定时定期清洗消毒、工作人员进入生产车间经过严格的消毒程序；第四，制作好的成品餐食在室温下放置时间不得超过半小时，要及时在2～5℃的保鲜库中存放，24小时内配送上机；第五，配送餐食过程中低温冷藏；第六，密切关注保质期。

思考题

1. 我国航空食品发展经历了哪些阶段？

2. 目前航空配餐企业分为哪些类型？

3. 我国航空食品发展趋势有哪些？

4. 我国航空食品存在哪些问题？

5. 你认为航空公司配备飞机餐的意义是什么？

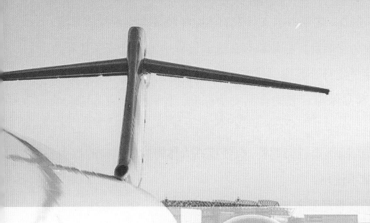

第二章
航空食品

伴随着民用航空业不断前进的脚步，航空食品从无到有、从小到大，从样式单一到菜品丰富多彩，人们用有限的操作设备不断探索航空食品的无限可能。此外，航空食品还有其独特的优势，除了兼顾冷热、荤素、主副食的搭配，还从选材、制作、配送等环节制定严格的规定程序，确保旅客的饮食安全。

第一节 航空食品特性与制作流程

一、航空食品特点

与人们在餐厅享用现炒现吃的食物不同，飞机餐是在航空食品公司烹制后，经过快速降温并进行冷藏、根据航班需求配送上机、乘务员再进行二次加热的食物。除此之外，航空食品在食材的选择上具有一定的限制性，这是由于飞行中的客舱环境是高空低气压环境，容易引起高空胃肠胀气；无法预知的高空颠簸，易使旅客在进食过程中发生呛噎等意外。

同时，涉及国际航线的配餐，除了要符合我国《航空食品安全规范》要求外，还需要符合国际航空运输协会 (IATA) 航空食品保障计划的食品安全标准、国际航空服务协会的世界食品安全指南等程序要求。

- 碳水化合物、脂肪和蛋白质的比例要适当调整，以便提高人体对航空负荷的耐力；
- 不适合低温保存的食材尽量不使用；
- 二次加热后形态破坏严重的食材尽量不使用；
- 尽量选择无刺激性气味的食材，或者通过烹饪方法可以降低气味的食材；
- 鱼不能有刺、肉不能有骨头、海鲜不能有壳；
- 肉类中，鸡肉是优选之一，因为鸡肉加热后仍保留着水分，不会失去肉的弹性；
- 豆类食物作为搭配食材的比例不宜过高，控制在 10% 以内，避免出现胃肠胀气；
- 部分食材制作时，成熟度要留有相应空间，避免二次加热后过熟；
- 由于高空中人的味觉相对"迟钝"，飞机餐比正常食物更咸一些；
- 水果优先选择不易氧化的，如哈密瓜、西瓜、橙子等。

二、航空食品营养搭配

一份简单的飞机餐：热食＋面包＋沙拉＋甜品，看似与平日生活中的套餐差别不大，却因为在万米高空之上，人的生理和心理发生了变化，而隐藏了航空公司许多看不见的"心意"。

【案例 2-1】"厦航十二道风味"亮相

2017 年 8 月 8 日，厦门航空发布《厦门航空"营养与健康"可持续发展规划》，并举办航空配餐美食节，推出来自不同国家的 12 位名厨研发的航空营养健康餐。这是厦航响应《国民营养计划 (2017—2030 年)》，率先把航空餐从传统食养服务向科学营养化转

型的重要举措。为了满足来自五湖四海的旅客们的餐饮需求，厦门航空配餐中心汇集了中、加、德、法、泰、日等多国的名厨，分析六大营养素（碳水化合物、脂肪、蛋白质、维生素、矿物质、水）的来源，以及食品加工对营养素的影响，研究如何通过烹调更好地加工食品，改善和提高食品营养价值，推出更利于旅客消化吸收的餐食营养搭配。发布会上推出的"厦航十二道风味"是飞机餐向营养健康科学迈出的重要一步。如图 2-1 所示是发布会展示的各种精美餐食。

图 2-1　发布会展示的各种精美餐食

资料来源：chinanews.com

人们对饮食的要求不仅仅是"什么好吃"，更注重"如何吃好"。合理膳食与健康营养逐渐成为人们的关注焦点，航空食品的营养搭配也变得越来越重要。从营养学、食品化学、食品工艺学、食品卫生学等多方面综合考虑，飞机餐的食谱设计既要注重营养平衡、营养互补，提高营养价值和美食效果，又要顾及环境对食物造成的影响。

目前，飞机餐大多采用荤素结合、冷热搭配、甜咸合理分布的方式。根据季节、航班时段、旅客需求等实际情况，定期进行菜品更新。在飞机餐的制作工艺上，少用煎、烤、炸等高油、高热的方法，尽量采用蒸、煮、炖等低油脂的烹饪方式，最大限度地保持食材的营养成分，使旅客在旅途中吃得舒心，吃得放心。

【案例 2-2】新加坡航空携手 COMO 香巴拉推出全新机上健康美食

新加坡航空公司与新加坡健康品牌 COMO 香巴拉宣布，自 2019 年 9 月起，将于新航部分航班推出特别打造的健康美食。全新健康餐食旨在提升旅客全方位的健康旅行体验，每道菜品都经过精心定制，滋养身心，缓解旅途中的疲乏和压力。为增强人体免疫力，这些菜肴中富含抗氧化物质和微量营养元素，如奇异果、酸奶、甜菜根、草莓等。旅客即使在长途飞行之后，依然可以保持精神焕发。此外，还有一些有助于消化和循环的餐食，可令旅客在旅途中更加舒适。该健康餐食在新加坡飞往中国香港、法兰克福、伦敦、墨尔本、珀斯和悉尼的部分航班上面向头等舱和商务舱旅客提供。此外，乘坐新加坡航空，从新加坡出发的头等舱、商务舱和优选经济舱旅客也可以通过"名厨有约"服务预订该餐食。如图 2-2 和图 2-3 所示为餐食样品。

与 COMO 香巴拉合作推出的餐食，进一步扩大了新航旨在提升旅客舒适感的健康产品。新航也在继续与美国健康专家品牌"峡谷农场"合作，在新加坡至美国的直飞航班，包括 2019 年 9 月起直飞西雅图的航线上，提供深受乘客欢迎的健康计划。

除机上健康餐食外，新加坡航空和 COMO 香巴拉还合作推出了养生文章，旨在帮助旅客了解健康方面的知识与实践，让他们在飞行前、飞行中和飞行后都能获益。这些文章涵盖的主题包括冥想、放松的呼吸技巧，以及长时间不活动情况下的锻炼方法。2019 年 9 月 1 日起，这些文章已与健康美食同时推出，并可以通过新航移动客户端独家下载。

图 2-2　五香荞麦南瓜煎饼

图 2-3　椰汁水煮鱼

资料来源：TRAVEL WEEKLY CHINA

三、航空食品制作流程

航空食品的生产制作是一个较为复杂的程序，乘务员了解飞机餐的生产加工、冷藏运输等过程，能够更好地为旅客提供餐饮服务，让旅客了解飞机餐，放心食用飞机餐。许多航空公司会组织乘务员到航空食品公司参观学习，提高乘务员的业务知识量。

为了保障旅客机上用餐安全，航空食品公司对员工制定了严格的工作标准和行为规范准则。工作人员禁止留长指甲、涂抹指甲油；禁止佩戴项链、手链、戒指等物品；工作人员从走进操作间开始，双手需要多次喷淋、消毒清洗、佩戴一次性手套，不能触碰自己的鼻、口、头发、衣服等容易被污染的部位；消毒服、鞋、帽子要戴两层，第二层帽子与衣服连体，除了眼睛以外其他部位都要包得严丝合缝，杜绝头发掉进餐食。

飞机餐，从食材采购加工、餐食制作、冷藏存储、综合装配到运输装机，实际上至少经过了六道工序才展现在旅客的面前。

（一）原料准备

航空食品的原材料均由指定供货商专供，并通过精选、过磅、验收三道程序。航空食品公司需要对原料进行严格把控，确保在无危害条件下对原材料进行清洗、消毒、腌制、上浆等前期准备过程。

● 蔬菜类：蔬菜需要通过大型清洗机，使用消毒液浸泡，随着流水上下多次翻滚，排队滚到清水槽内继续用细密水柱冲洗直到彻底干净，如图 2-4 所示。

图 2-4　蔬菜清洗消毒

● 鸡蛋类：鸡蛋粗加工，同样经过消毒、清洗、浸泡 5 ~ 10 分钟，当天不能用，放到冷库冷藏一天，第二天才可以使用。鸡蛋打开后使用搅拌机搅拌，然后用专用工具进行过滤，防止细小蛋壳进入，最后把蛋液放在 0 ~ 5℃的冷库里备用。

从鸡蛋打破到送上飞机，一系列工作完成时间不能超过 24 小时。

- 肉类：所有冷库存放的肉类都贴有时间标签，保证在保鲜期内使用完毕，如进口的新西兰牛肉、牛排等，空运过来时是冷冻，解冻时温度必须在 5～10℃。

- 水果类：水果摆盘前，将各类水果洗好、切好、去皮。一份餐盘里，水果不仅要色、形、味相同，还有严格的重量规定，误差不能超过 3 克。除此之外，还需要摆放美观，品质足够新鲜。

（二）食材切配

各类蔬菜、水果、肉类等原料按照相应要求加工成丁、丝、片、块等不同规格，如图 2-5 和图 2-6 所示。

图 2-5　工作人员进行蔬菜加工

图 2-6　肉类加工上浆

（三）餐食制作

这是将各类食物按照制作要求进行烹饪的过程。烹饪的火候控制在七八成，汁水要比较多，防止乘务员机上加热时烤干餐食或者烤不热，如图 2-7 所示。

图 2-7　工作人员正在烹制食物

（四）低温储存

餐食制熟后，放入速冷冰箱进行短期打冷，然后放入半成品冷藏库保存待用，以符合食品低温冷链生产要求，如图 2-8 和图 2-9 所示。

图 2-8　餐食打冷

图 2-9　餐食低温储存

（五）餐食装配

按照航空公司餐谱要求，将食物装配入指定的餐具中，由专人为每份成品称重，多去少补，确保旅客拿到的餐食都是等质等量的；再按航班舱位订餐人数分装至对应机型的烤炉架中，装配好的餐食在室温下存放不得超过30分钟，然后及时放入2～5℃的冷库中冷藏，如图 2-10 和图 2-11 所示。

（六）摆盘装机

各类餐食按照餐谱要求经过摆盘传送带装入托盘中，再装入餐车中；餐车内餐食与对应的烤炉热食码放到一起，配送上机；为了保证餐食一直处于低温状态，抑制细菌繁殖，配餐车里的温度只有 15℃，如图 2-12 和图 2-13 所示。

图 2-10　工作人员进行餐食装配

图 2-11　餐食装入烤炉架中

图 2-12　工作人员在摆盘

图 2-13　餐车与烤炉对应码放好

第二节 航空食品卫生安全

虽然飞机餐的生产程序非常严格，却也无法排除在生产、加工、运输等过程中会发生食物变质的问题。若航空食品卫生安全问题处置不当，轻则影响旅客乘机满意度，重则损害人体健康、影响飞行安全，还会影响航空公司的企业形象和企业发展。故而，航空食品卫生安全不容忽视。

一、食物中存在有害因素的可能性

通常，食物中可能存在的有害因素有以下几个方面。

(1) 食物本身含有毒素。如鲜黄花菜、青西红柿、苦杏仁、发芽的土豆、烂白菜、河豚等。

(2) 食物在生产养殖、加工包装、储藏运输过程中，被有毒或有害物质污染。比如生物性污染：食物受到细菌、病毒、寄生虫等污染；化学性污染：食物受到农药、有害金属、滥用添加剂等污染；物理性污染：食物被放射性物质污染等。

(3) 使用不卫生的设备加工食物或者不卫生的器具存放食物。

(4) 存储方式不当，造成食物放置过程中变质。

(5) 烹调方式不当，造成食物产生毒素。

(6) 食物加工过程中，误用了有毒、有害或者腐败变质的材料。

(7) 生食与熟食交叉污染。

二、航空食品危害分析和关键控制点

(一) 原辅材料

危害分析：航空食品需要的原辅材料种类繁多，包含粮油、果蔬肉蛋、水产禽类以及各种调味品等。大气、水、土壤、重金属等污染源通过食物的富集作用，会使原辅材料的安全性受到威胁、食物品质下降；同时，滥用农药或者食品添加剂，也会造成毒素残留，对人体造成伤害；此外，引起食源性疾病的微生物，如沙门氏菌、致病性大肠埃希氏菌等，主要存在于肉蛋类、家禽、大米等食物中，这些原辅材料的采购途径、新鲜程度、存储条件等均有可能是造成致病菌污染的因素。

关键控制点：航食企业采购的原辅材料必须新鲜，卫生指标必须符合国家食品卫生标准或规定，选择优质高信誉度的供应商，提供产品检验合格证。原辅材料入库时，做好验收工作，分门别类存放，不得混放，避免交叉污染，严格控制冷藏贮存间和冷冻贮存间的温度；原辅材料贮存量不宜过多，严格遵循"先进先出"的库存周转原则，指定专人负责，随时检查，保证在保质期（有效期）内使用。

（二）生产过程

航空食品生产过程中，原料准备、餐食制作以及餐食装配等阶段也是容易造成食品危害的关键点。

1. 原料准备阶段

危害分析：原料准备阶段也就是原料粗加工阶段。像果蔬产品，表面会黏附异物和微生物，清洗方法不当或者消毒不彻底会造成产品危害。而肉禽类和水产类冷冻制品，本身带有微生物，储存不当或者常温解冻时间过长，会使其中微生物大量繁殖。

关键控制点：果蔬类产品经过清洗消毒后，应该密封存放，防止二次污染；控制冷冻产品的常温解冻时间不超过 6 小时，冷藏间内解冻时间不超过 12 小时，产品解冻后的中心温度控制在 5℃以下，并于当日用完；所有经过粗加工处理的原材料及时进入下一道工序，如果需要冷藏，时间不超过 4 小时，防止残留微生物生长繁殖；易腐败食品原料粗加工后，若不立即使用，应迅速冷藏，从冷藏库取出的易腐败食品原料，必须控制在 1 小时内处理完毕。

2. 餐食制作阶段

危害分析：热食制作过程中，危害主要来自烹饪过程中温度和时间的控制。为了使餐食在机上二次加热后有良好的口感，在餐食制作时，有些肉、禽、鱼等制作至七八成熟，这会造成潜在微生物危害；果蔬沙拉等冷餐食的危害主要来源于加工器具不洁净、未及时进行装配等。

关键控制点：热食必须达到安全烹饪温度 71 ~ 82℃；做好的热食必须迅速打冷，使中心温度在 2 小时内降到 15℃以下；密封后放入冷藏库中，中心温度降到 0 ~ 5℃再装配；果蔬沙拉等冷餐食的加工工具使用前严格消毒；其他外购的原辅材料，如罐头、果酱等，外包装必须进行擦拭消毒处理，避免污染食物。

3. 餐食装配阶段

危害分析：航空食品装配餐具样式较多，有一次性材料也有重复利用的器皿。如果器皿清洗消毒不彻底，有可能引发食源性疾病。

关键控制点：各类冷热食物装配时，确认生产日期，检查包装是否完好无损，质检部

门也应抽样检验包装材料的卫生质量；重复使用的器皿，必须严格经过清洗、消毒、干燥、保洁四步骤处理后再使用；装配餐盒时，不得将有包装的成品食品、纸巾餐具、带皮水果等与无包装的食品放在一起，除非各种食品均单独封装或覆以消毒的保鲜膜。

（三）生产环境

危害分析：航空食品生产环境的好坏直接影响食品卫生质量优劣。生产场所选址不当或者周围有污染源，建筑设施不符合食品生产的卫生要求，防尘、防鼠、防虫等措施不到位，生产过程中产生的气态、液态、固态垃圾不能及时处理，操作间温度和湿度不符合标准等，都会造成原料、半成品、成品餐食的污染或者微生物生长。

关键控制点：第一，生产场所需远离污染源，保证附近没有粉尘、有害气体、放射性污染源等，在周围30米的环境中保证没有公共厕所、垃圾站等影响食物卫生的场所；第二，存放原料的仓库门上要装有防尘、防蝇、防鼠等设施；第三，保证仓库通风良好，温湿度适宜，防止食物的腐败和变质；第四，做好操作间的环境消毒工作，如紫外线照射、化学试剂熏蒸、消毒液擦拭等；第五，生产过程中产生的垃圾必须及时处理、及时清洁。

（四）操作人员

危害分析：工作人员个人卫生不合格，操作不符合卫生规范，患有传染性疾病等，均会对产品卫生质量造成影响。

关键控制点：员工进行岗前体检，排除隐患；严格按照SSOP（卫生标准操作程序）操作。

（五）机上管理

危害分析：飞机餐从配餐车取出后尽快装配到飞机上，时间过长会增加微生物感染概率；乘务员二次加热餐食时间不充分，容易残留潜在微生物；长航线的二餐餐食或者出港航班配备的回程餐食，在机上存放时间越长，微生物繁殖的概率也大。

关键控制点：飞机餐装机时间控制在1小时以内；乘务员二次加热餐食时，必须使餐食全面充分加热到85℃以上；使用机上冷藏设备保存餐食时，温度尽量在10℃以下。

三、机上异常情况处置

旅客在飞行中，如果出现呕吐、食物过敏或者中毒等情况，乘务员应根据具体情况报请处理，处理方法如下。

- 运用机上急救知识采取救助措施；
- 客舱广播寻找医护人员帮助；

- 报告乘务长和机长，机长根据情况联系空中交通管制部门采取必要措施，如备降等；
- 若怀疑是飞机餐引起的问题，收集并隔离引起问题的食物或饮品，做好记录。

思考题

1. 航空食品有哪些特点？
2. 航空食品的制作流程有哪些？
3. 食物中可能存在的有害因素有哪些？
4. 飞机餐在机上危害有哪些？
5. 飞机餐机上管理的关键控制点是什么？
6. 乘务员如何处置机上异常情况？

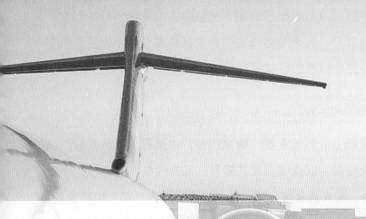

第三章
特殊餐食

　　航空公司在发展过程中，不断探索如何提高客舱服务品质。机上餐饮服务作为客舱服务的重要组成部分之一，一直是航空公司的重点管理范畴。个性化、细致化的机上餐饮服务体现了航空公司满足旅客需求的使命。旅客中常常有患糖尿病、心血管疾病的病人，也有少数民族或者信仰宗教的人士，还有素食主义者以及婴幼儿等。为了使每一位旅客在飞机上都能吃到适合他们需求的餐食，航空公司根据各地航食企业保障能力，最大限度地为这些有特殊饮食需求的旅客提供多种特殊餐食，让旅客享有一段舒心的旅程。

第一节　特殊餐食概述

一、特殊餐食的概念

所谓特殊餐食，是为因宗教信仰、健康医疗素食及其他原因提出特别餐饮需求的旅客提供的餐食。

通常，旅客在航班起飞前 24 小时 (含) 致电航空公司客服热线咨询及预定特殊餐食，个别特殊餐食需要提前 48 小时 (含) 预订。每个航空公司提供的特殊餐食是不同的，但全球大多数航空公司都可以为旅客提供符合标准的特殊餐食。

二、特殊餐食的分类

特殊餐食种类很多，经常会在飞机上看到儿童餐、糖尿病餐、水果餐、无麸质餐、高纤维餐、低热量餐、低脂肪餐、低蛋白餐、低盐餐、无乳糖餐、低嘌呤餐、海鲜餐、伊斯兰教徒餐、印度教徒餐、犹太教徒餐、东方素食餐、西方素食餐、亚洲素食餐和生蔬食餐，等等。这些特殊餐食可以分成以下四个类别，具体分类明细说明如图 3-1 ～图 3-4 所示。

- 宗教餐。
- 素食餐。
- 医疗保健餐。
- 其他需求餐。

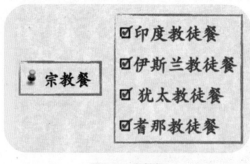

图 3-1　宗教餐

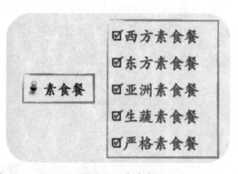

图 3-2　素食餐

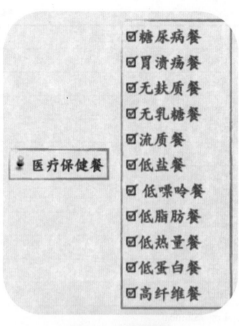

图 3-4　医疗保健餐

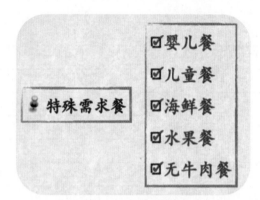

图 3-5　其他需求餐

三、常见特殊餐食四字代码

特殊餐食四字代码是由国际航空运输协会 (IATA) 制定，全球航空界通用。各航空公司按照国际航空运输协会对每种特殊餐食的基本要求进行菜式设计，做法上会有细微差别。常见特殊餐食四字代码如表 3-1 所示。

表 3-1　常见特殊餐食四字代码

序号	中文名称	四字代码	英文全称
1	特殊餐食	SPML	Special meal
2	犹太教徒餐	KSML	Kosher meal
3	印度教徒餐	HNML	Hindu meal
4	耆那教徒餐	VJML	Vegetarian Jain meal
5	伊斯兰教徒餐	MOML	Moslem meal
6	严格素食餐	VGML	Vegetarian vegan meal
7	东方素食餐	VOML	Vegetarian oriental meal
8	西方素食餐	VLML	Vegetarian Lacto-Ovo meal
9	亚洲素食餐	AVML	Asian vegetarian meal
10	生蔬素食餐	RVML	Raw vegetarian meal
11	婴儿餐	BBML	Baby meal

续表

序号	中文名称	四字代码	英文全称
12	儿童餐	CHML	Child meal
13	海鲜餐	SFML	Seafood meal
14	水果餐	FPML	Fruit platter meal
15	无牛肉餐	NBML	No beef meal
16	无乳糖餐	NLML	No lactose meal
17	无麸质餐	GFML	Gluten free meal
18	糖尿病餐	DBML	Diabetic meal
10	胃溃疡餐	BLML	Bland meal
20	低嘌呤餐	PRML	Low purine meal
21	流质餐	LQML	Liquid meal
22	高纤维餐	HFML	High fibre meal
23	低盐餐	LSML	Low salt meal
24	低热量餐	LCML	Low calorie meal
25	低蛋白餐	LPML	Low protein meal
26	低脂肪餐	LFML	Low fat meal

四、特殊餐食客舱服务注意事项

- 熟悉特殊餐食代码，全球所有航食只在餐食上用缩写字母标注配备的特殊餐食名称；
- 乘务员与航食配餐员交接特殊餐食后，及时报告乘务长；
- 提前确认特餐旅客座位，并确认特殊餐食内容，不能送错餐食；
- 乘务员提供特殊餐食服务时，严格遵守特餐旅客的饮食习惯；
- 尊重特餐旅客的宗教信仰，不说忌讳语言，不做忌讳动作；
- 通常特殊餐食优先于普通餐食发放；
- 特殊餐食通常存放在餐车和烤箱的顶层。

第二节　特殊餐食介绍

本节将详细介绍常见的特殊餐食，以方便大家掌握理解，避免由于不了解特殊餐饮习俗而在工作中出现失误，造成不良后果。

一、犹太教徒餐

犹太教徒餐是用符合犹太教徒教规戒律的食材按照规定的屠宰和烹调方式制作的餐食。航空公司提供的犹太教徒餐均购自有犹太教徒餐制作资质及信誉认证的制造商。旅客需要在航班起飞前 48 小时预订，有些航空公司要求提前 72 小时提出需求。如图 3-5 和图 3-6 所示为机上提供的犹太教徒餐食和打开外包装盒后的样式。

图 3-5 机上提供的犹太教徒餐食

图 3-6 打开外包装盒后的样式

乘务员在飞机上提供犹太教徒餐时，切记不要乱拿乱放，严禁私自打开外包装盒。应当送到预订此餐的旅客面前，由食用者亲自开启包装，取出热食，交到乘务员手中加热。在条件允许的情况下，要单独为旅客加热犹太教徒餐。如图 3-7 和图 3-8 所示为食用者亲自开启餐盒取出犹太餐热食。

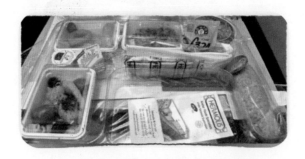

图 3-7 食用者亲自开启餐盒取出热食

图 3-8　犹太餐热食

二、印度教徒餐

印度教徒餐，也称作印度餐，是根据印度人的宗教信仰及饮食习惯制作的餐食。虔诚的印度教徒不吃牛肉，因为他们把牛奉为神牛。餐食中也会避免使用猪肉，但包括鸡肉、羊肉等其他肉类，也包括鱼、蛋和奶制品以及果蔬。烹饪时不使用酒精，通常使用印度辛香料。乘务员在为旅客提供印度教徒餐时，谨记不能使用左手服务。如图 3-9 和图 3-10所示为飞机上的印度旅客和印度教徒餐。

图 3-9　飞机上的印度旅客

图 3-10　全日空航空印度教徒餐

三、耆那教徒餐

　　耆那教徒餐，是专为耆那教徒提供的严格素餐，根据耆那教习俗准备，印度烹调口味，通常较为辛辣。餐食中除主食外仅含有非根类蔬菜，无任何根类植物，如洋葱、姜、蒜、胡萝卜等，也不含任何动物及其制品，如图 3-11 所示。

图 3-11　全日空航空耆那教徒餐

　　耆那教，是印度古老的宗教信仰之一。考古学的证据显示，耆那教是盛行于八千年至五千年前印度河流域文明时期，现今巴基斯坦一带居民的一个宗教。耆那教是印度很小的一个宗教团体，有 0.4% 的居民信奉耆那教，用现在流行的话讲，就是很小众的一个宗教。由于宗教信仰的原因，所有教徒都是严格的素食者，且一般不从事以屠宰为生的职业，耆那教徒通常从事商业、贸易或者工业较多。如图 3-12 所示为耆那教徒。

图 3-12　耆那教徒

四、伊斯兰教徒餐

　　伊斯兰教徒餐，也称作穆斯林餐，是根据伊斯兰宗教教义和穆斯林饮食习惯制作的餐食。航空公司提供的穆斯林餐均购自具有穆斯林餐食生产资质认证的制作商。穆斯林餐不含猪肉、熏肉、火腿、肠类、动物油脂或者酒精以及无鳞鱼类和鳗鱼、甲鱼。所有家禽和动物在宰杀和烹饪时需要按照伊斯兰教的有关规定。乘务员在为穆斯林旅客提供服务时，严禁提供带有酒精的饮料。如图 3-13 和图 3-14 所示为穆斯林旅客和穆斯林餐。

截至 2019 年底，世界人口约 75 亿，穆斯林占 15.7 亿，占全世界人口的 23%，分布在 204 个国家和地区。由于宗教教义规定，穆斯林很注意饮食的选择，而且严格遵守。自死物、血液、猪肉、诵非安拉之名而宰的动物，是穆斯林禁止食用的。除此之外，穆斯林严禁饮用含有酒精的一切饮料。

图 3-13　候机楼内等待登机的穆斯林旅客

图 3-14　全日空航空穆斯林餐

五、素食餐

素食不仅仅是出家人和宗教人士的饮食规范，经过时代的演变发展，素食逐渐成为全球新兴的饮食方式，许多人认为吃素既能健康养生又能改善肤质，美容养颜。广泛来说，素食可以分为以下四类。

- 半素食：不摄入鱼以外的其他肉类；
- 全素食：不摄入任何动物制品；
- 奶蛋素食：不摄入奶、蛋以外的肉类；
- 斋食：不摄入大、小五辛。

飞机上常见的素食餐包括西方素食餐、东方素食餐、亚洲素食餐、生蔬素食餐和严格素食餐，具体区别如下。

(1) 西方素食餐，也被称作"奶蛋素食"，是指餐食不含任何肉类或肉类制品，也不含任何鱼类、禽类或猪油、肉胶制品，但包含日常的黄油、奶酪、牛奶和鸡蛋。西式烹调方式制作，适合不吃肉但可以吃乳制品的旅客。如图 3-15 所示为西方素食餐。

图 3-15　全日空航空西方素食餐

(2) 东方素食餐，是指餐食按照中式或者东方风味烹调，不含肉类、鱼类、野味及奶蛋制品；不含任何生长在地下的根茎类蔬菜，如葱、姜、蒜、洋葱等；包含各类水果和蔬菜。如图 3-16 所示为东方素食餐。

(3) 亚洲素食餐，也被称作"印度素食"，是指按照印度风味制作的素食餐食。口味通常辛辣，不包含任何肉类、鱼类和蛋类，可以含有少量乳制品，包含各类水果蔬菜，通常为亚洲生产的蔬菜。如图 3-17 所示为亚洲素食餐。

图 3-16　全日空航空东方素食餐

图 3-17　全日空航空亚洲素食餐

(4) 生蔬素食餐，是指餐食只包含未经烹煮的生蔬菜及水果，不包含鱼、肉、鸡蛋、奶酪及其相关制品。如图 3-18 所示为生蔬素食餐。

图 3-18　全日空航空生蔬素食餐

(5) 严格素食餐，也被称作"纯素餐"，是指餐食中不含任何肉类、海鲜、蛋奶制品，包含各类水果、蔬菜和人造黄油，通常用西式烹调方法制作。如图3-19所示为严格素食餐。

图 3-19　全日空航空严格素食餐

六、婴幼儿特餐

飞机上会为小旅客准备适合他们的特殊餐食，包括婴儿餐和儿童餐两种。

婴儿餐，是指适用于10个月以上，2周岁以下婴儿食用的餐食，主要是断奶期餐食，包含蔬菜泥、肉糜、鱼糜、米糊、水果汁等，同时提供牛奶或者奶粉，如图3-20所示。

图 3-20　全日空航空婴儿餐

儿童餐，是指适用于 2 ~ 8 周岁儿童食用的餐食，比成人分量少，容易咀嚼消化，餐食中含有儿童喜欢的食物及卡通设计，避免过咸或者过甜，如图 3-21 所示。

图 3-21　吉祥航空儿童餐

七、水果餐

水果餐，是指餐食中只包括新鲜水果及含水果成分的甜品等制品，水果种类根据供应季节而定。水果餐分量较少，适合正在禁食或者有节食需求的旅客，如图 3-22 所示。

图 3-22　全日空航空水果餐

八、海鲜餐

海鲜餐，是专门为喜欢海鲜的旅客准备的餐食，其中包括多种海鲜，主要为鱼和贝类，不含任何肉类制品，如图 3-23 所示。

图 3-23　厦门航空海鲜餐

九、无牛肉餐

无牛肉餐，是指餐食中不包含牛肉、小牛肉或相关制品的餐食。

十、医疗保健餐

糖尿病餐，适用于无论是否需要依赖胰岛素的糖尿病人食用。餐食中不包含任何种类的糖，包含最少量盐、低脂肪瘦肉、多纤维食物、果蔬、面包和谷类，如图 3-24 所示。

图 3-24　全日空航空糖尿病餐

胃溃疡餐，也称作"清淡餐"，是专为患有肠胃疾病的旅客准备的餐食。餐食中使用容易消化、口味清淡、口感柔软的食材，如土豆泥、菠菜、软煮鸡蛋、烤面包和乳制品；不使用油炸麻辣食品，不含味道浓烈的调料，如黑胡椒、辣椒粉、芥末等，如图3-25所示。

图 3-25　全日空航空胃溃疡餐

无麸质餐，也称作"无谷餐"，是专为不耐受麸质和麸质过敏的旅客准备的餐食。餐食中不含任何形式的麸质。麸质是存在于小麦、大麦、黑麦、燕麦等谷物中的蛋白质，面包、奶油蛋羹、蛋糕、巧克力、饼干、谷物及其制品被严禁使用。如图3-26所示为无麸质餐。

图 3-26　全日空航空无麸质餐

无乳糖餐，是专为乳糖摄入有限制或者乳制品过敏的旅客准备的餐食。餐食中不使用任何乳制品，即不含牛奶、奶酪、奶粉、奶油、蛋奶制品等，包含沙拉、粗粮、意大利面、米饭、鱼类或肉类，如图3-27所示。

图 3-27　全日空航空无乳糖餐

流质餐，是指餐食为细小的流体食物，通常是牛奶、果汁、清汤、滤粥等。

高纤维餐，是指餐食中含有高纤维食物，通常包括坚果、蔬菜、水果、谷类和高纤维谷物面包等，不包含精制面粉和精制麦片。

低盐餐，是专为患有高血压、心脏病、肾脏病的旅客准备的餐食。餐食中对盐有一定的控制量，不含有谷氨酸钠、苏打、腌渍咸菜、鱼或肉罐头、蔬菜罐头、奶油、土豆泥、鸡粉、肉汁类等产品，多使用生蔬菜、咸饼干、意大利面、低脂肪肉、低卡路里人造黄油、多纤维低盐分面包、水果和沙拉，如图 3-28 所示。

图 3-28　全日空航空低盐餐

低脂肪餐，也称作"低胆固醇餐"，是专为需要减少脂肪摄入量的旅客准备的餐食。餐食中限制脂肪和胆固醇的含量，使用生蔬菜、低脂肪肉类和鱼进行烹饪，使用植物黄油、低脂乳制品和多纤维面包、水果；不含蛋黄和烘焙制品，不含油炸食品、加工食品、奶制

品、浓汁、内脏、带壳水产品，如图 3-29 所示。

图 3-29　全日空航空低脂肪餐

　　低热量餐，也称作"低卡路里餐"，是指餐食热量在 400kcal 以下，24 小时内摄取的卡路里量在 1200kcal 以内为标准的餐食。餐食中包含瘦肉、低脂奶制品、低脂低碳水化合物食物、高纤维食物，不使用糖、奶油、蛋黄酱、脂肪等食品，限制含糖食材，限制调味料、肉汁、油炸食品的含量，如图 3-30 所示。

图 3-30　全日空航空低热量餐

　　低嘌呤餐，是专为尿酸水平高的旅客准备的餐食。餐食中包含多种水果和蔬菜。

　　低蛋白餐，是指餐食中含有极少量的蛋白质，并避免高盐食物和盐。餐食中不含咸味较重的食品、烟熏食品、罐头食品、奶蛋制品、腊肉、禽类、米饭、谷物、面包等。

【案例 3-1】更换特餐保安全

生活中经常会看到有人出现食物过敏的报道，轻则皮疹、恶心、腹泻，重则危及生命。美国《医药日报》曾刊登，花生和坚果位列世界上最危险过敏食物排行榜的榜首。

2014 年 7 月 23 日，负责达美航空配餐的航食，接到达美 DL188 航班紧急加订一份"严重坚果过敏特别餐"的通知，原因是这位旅客对坚果严重过敏，不仅不能吃任何带有坚果的食品，甚至连坚果气味都不能让他闻到。

虽然坚果问题在航班上经常遇到，但是此份特殊餐食预订时间紧，且达美航空的航班配餐工作已全部装配完毕。当班的厨师长接到通知后，深知"特别订餐"的重要性，为了旅客的生命安全，为了航班正点，果断做出决定：撤换这架飞机上所有与坚果有关的食物，不允许有任何理由和原因造成失误，没有什么比生命更重要。经过召开紧急会议，讨论了这份特别餐的所有更换细节，如：热食中蚕豆、大豆油，甜品中榛子酱、杏仁碎，摆盘中的脆脆米巧克力等，立即安排工作人员第一时间完成了全部撤换任务，近 500 份餐食重新装配。在全体员工共同努力下，在规定时间内完成了任务，准时配送上了飞机。

思考题

1. 特殊餐食的种类有哪些？
2. 请写出至少 10 种常见特殊餐食的四字代码。
3. 特殊餐食服务有哪些注意事项？
4. 简述穆斯林餐的服务特点。
5. 素食餐可以分为哪些种类？

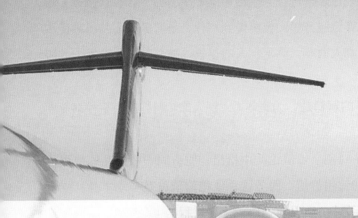

第四章
客舱服务概述

　　伴随着我国经济的不断发展，服务业在整个国民经济中所占比重越来越大。民航客舱服务是民航运输业务中的重要组成部分，也是服务行业中的最高层次体现。为了保障民航客舱服务工作的顺利开展，优质的服务意识、优雅的服务举止、得体的服务语言、熟练的服务技能、扎实的专业知识是对乘务员完成客舱服务工作的基本要求。本章对服务理念、客舱服务认知及工作内容做全面的阐述，帮助大家更好地理解客舱服务的意义。

第一节　航空公司服务理念

一、服务理念解读

（一）服务的概念

"服务"一词，人们并不陌生，它已渗透进社会生活中的各个方面，如餐饮服务、邮政服务、通信服务、维修服务、民航客舱服务等。但要说到"什么是服务"，却很难说清楚。"服务"可以简单地理解成：为别人做事，满足别人的要求。随着时代的发展，"服务"不断地被赋予新的含义。

- 《现代汉语词典》中对服务的解释是：为集体（或别人的）利益或为某种事业而工作。

- 在经济学范畴中，马克思在《剩余价值论》中指出，服务同一般商品的使用价值一样，是具有物质内容的使用价值；服务这种使用价值就是劳动本身；提供服务的劳动没有固化于商品之中，而是直接进入消费过程。

- 从管理学角度而言，美国市场营销协会在 1960 年最先对"服务"做了定义：服务是伴随着货物销售一并提供给顾客的利益、满足感及其他活动；现代营销学之父菲利普·科特勒提出，服务是一方向另一方提供的活动或者利益，通常是无形的，且不牵涉所有权的改变；芬兰格罗路斯教授对服务的定义是：服务是由一系列或多或少具有无形性的活动所构成的一种过程，这种过程是在顾客与员工和有形资源的互动关系中进行的，这些有形资源是作为顾客问题的解决方案而提供给顾客的。

综合而论，"服务"可以被理解为：一种创造价值的行为，通过交易使他人得到满足。或者是用真诚的态度为他人着想、为他人做事，且使他人从中获得利益的一种有偿或者无偿的活动。

（二）服务的本质

服务是一种人与人之间的沟通和互动，一方是产品的生产者，另一方是产品的接受者，服务依赖于两者而存在，是过程与结果的统一。虽然服务本身没有明确的实体，但却能够被感受到。通过服务者的言行举止，给他人以直观的印象，造成或好或坏的心理感受，从而决定了他人对产品的满意度。

"服务"的英文为 SERVICE，这个单词很有深意，每个字母引申出的含义都传递着服务的本质内容。

1. S：Smile

微笑，服务行业的最基本要求。每一位服务从业者都应该具备微笑待客的能力。尤其是乘务员，可以没有闭月羞花的容貌，但要保持和蔼可亲的面貌。微笑指的不是脸部肌肉上提而显现出的挂笑，而是因真诚为他人做事的态度而自然流露出的笑容，这种笑容很有亲和力和感染力。

【案例 4-1】微笑的力量

在一家星级酒店中，一位住店的客人外出时，一位朋友来酒店找他，要求进入他的房间等候，由于客人事先没有留下口信，前台服务员便没有答应这位朋友的要求。待客人回到酒店得知情况后十分不悦，跑到前台与服务员争执起来。

此时，大堂经理闻讯赶来，见客人怒气正盛，言词激烈地指责着服务员，本想开口解释的大堂经理心里清楚，此时任何解释都毫无意义，反而会导致客人情绪更加激动，不如让客人尽情地发泄不满。于是，大堂经理没有说一句话，脸上则始终保持一种友好的微笑。

一直等到客人平静下来，大堂经理才心平气和地告诉他饭店的有关规定，并表示歉意。客人接受了大堂经理的解释。后来这位客人离店前还专门找到大堂经理辞行，激动地说："你的微笑征服了我，希望我再来住宿时能有幸再次见到你的微笑。"

2. E：Excellent

优秀，表示服务者需要精通业务工作，不仅要完成每一道服务程序，而且要把服务工作做得非常出色。

3. R：Ready

做好准备，即处于"时刻准备着"的状态。表示服务者要具备随时为客人解决各种问题的能力。

【案例 4-2】我就是你们公司最忠实的旅客

在深圳航空某次航班的旅客登机阶段，乘务长在迎客时发现了一张熟悉的面孔，那是一位经常乘坐深航航班的旅客，乘务长也多次在航班中为他提供过服务。待旅客入座后，乘务长面带微笑地送上了一杯冰可乐外加一份《南方都市报》。旅客疑惑地看着乘务长，问道："你你怎么知道我喜欢喝可乐，还是加冰的？又怎么知道我想看《南方都市报》？"乘务长笑着说道："您是我们的常旅客（乘机频率较高的旅客），我知道这是您登机后的习惯啊。"供餐阶段，乘务长又贴心地送上了旅客喜欢的中式餐食。飞机下降阶段，这名旅客交给乘务长一封表扬信，并说道："谢谢你贴心的服务，我很感动，冲着你对工作的

这份热情和细心，我就是你们公司最忠实的旅客。"

4. V：Viewing

看待，表示服务者把每位客人都当成贵宾看待，这个理念很重要。

5. I：Inviting

邀请，表示服务者在每次服务结束时，真诚地邀请客人再次光临。这不仅仅是客气话，更是提高客户忠诚度的好方法。

6. C：Creating

创造，服务工作不是简单的机械化重复。服务需要创造性，更多地为客户着想，服务者才能更好地为不同客户提供所需要的优质服务。同时，还要营造温馨的服务环境。

【案例4-3】都是机械服务惹的祸

在航班途中，旅客张先生正在阅读杂志，一位乘务员从他身边经过时，主动为他打开了阅读灯，然后走开了。张先生觉得当时的自然光线很充足，打开阅读灯反而不舒服，于是自己关闭了阅读灯。过了一会儿，另一名乘务员经过时，又主动帮助张先生打开了阅读灯。张先生无奈地再次关掉。后来，当第三名乘务员主动帮助张先生打开阅读灯时，张先生被乘务员"主动"的服务惹恼了，投诉到了乘务长处。

7. E：Eye

眼神，服务者在为客人提供服务时，应当流露出真诚热情的眼神，使客人感受到服务员在关心自己。

服务的本质到底什么？可能一言难以蔽之。我们可以理解为：通过无形过程满足客户特定需求，创造交换价值，使客户满意度最大化。

<hr>

拓展小知识

五星级航空公司的贴心服务

2019年6月18日，航空业内权威评估机构、全球航空公司与机场服务领先调研机构SKYTRAX揭晓2019年SKYTRAX世界航空大奖。海南航空以优质的产品及服务，第九次蝉联"SKYTRAX五星航空公司"称号，荣获"SKYTRAX全球航空公司TOP10"第七名殊荣，同时斩获"世界最佳商务舱舒适用品""中国最佳航空公司"和"中国最佳航司员工"三项大奖。

SKYTRAX是全球航空公司与机场服务调查与咨询机构，每年定期公布全球航空公司及机场排名等报告。其报告结果基于全球大规模旅客对产品服务、机上娱乐、空中膳食等

多个维度的评价，被誉为全球航空界的"奥斯卡"。 SKYTRAX 主席爱德华向海航集团董事长陈峰颁发 SKYTRAX 五星航空公司奖牌，并表示："2019 年是海南航空连续第九次获得五星航空公司称号，在过去的一年里，我们再次见证了海南航空的努力与进步。不论产品优化，还是服务升级，海南航空这九年来始终以五星品质要求自己，持续创新与突破，将中国传统文化巧妙融入国际审美，向全世界旅客展示了来自东方航企的国际卓越品牌形象。"

海航集团董事长陈峰在颁奖现场表示："非常荣幸海南航空能够再次获得国内外广大旅客的认可，在今年的 SKYTRAX 世界航空大奖评选中再创佳绩。我们所取得的成绩离不开党和国家对海航发展给予的关爱和帮助，离不开广大旅客朋友们的信任和支持，同时我还要感谢所有海航的工作人员，是他们夜以继日的勤奋付出与无与伦比的创造力让海南航空成为享誉全球的世界卓越航空品牌。"

董事长领取 SKYTRAX "五星航空公司"奖牌

海航以真情服务、严守品质、持续创新作为动力之源，开展了一系列产品服务提升工作，持续优化旅客乘机体验。2019 年，海南航空与英国知名设计公司普睿谷合作，推出全新品牌视觉形象"梦之羽 Dream Feather"，完成对客舱环境、空地服务用品及服务标识等一系列全面的视觉接触点设计升级。独创的 Care More 关怀系列产品，更为旅客在高空传递暖心体贴的服务，为儿童、孕妇、老年人等其他特殊旅客创造安全无忧旅途。此外，"Hai Chef 海品空厨"与米其林餐厅、五星级酒店等业界知名厨师合作，精选食材烹制，为旅客呈现中西特色美食，享受味觉盛宴。

未来，海航将继续聚焦航空主业，以打造"百年老店"的决心，以国际化的视野和心胸升级产品服务，为全球旅客提供优质飞行体验，争做"民航强国"战略践行者，积极响应国家各项倡议，不断完善航线网络，投身海南自贸区（港）及粤港澳大湾区建设，助力

我国区域经济发展，为"一带一路"建设架设"空中桥梁"，打造中华民族的世界级航空品牌。

（资料来源：海航资讯）

（三）服务的特性

从服务的核心角度而言，服务具有五种特性：无形性、同步性、差异性、不可储存性和不可转移性。

1. 无形性

服务是无形的，既看不见也摸不着。它是一系列活动的过程，而非实物。比如参加旅行团出游，顾客在购买之前无法感受服务，旅行社也无法以实物形式展示其服务。

2. 同步性

服务的"生产"和"消费"是同步发生的，无法分割。当乘务员为旅客提供服务时，旅客也在同时消费服务。

3. 差异性

服务是人与人之间的沟通和互动，即使有操作规范，也会因服务者不同、服务对象不同、服务内容不同而产生差异。

4. 不可储存性

服务是一个活动过程，只有在提供服务时存在，无法被储存以备未来之用。旅客在飞行途中享受到的客舱服务只能在这段时间内获得，无法存起来等下机后使用。

5. 不可转移性

在服务的生产和消费过程中，不涉及任何所有权的转移。购买了有形的产品，具有所有权；而购买了服务，并不拥有所有权。换言之，服务在活动过程完成后便结束了，消费者并没有获得像产品那样的实物。

二、我国"三大航"服务理念

（一）中国国际航空股份有限公司

中国国际航空股份有限公司，简称"国航"，英文名称为 Air China Limited，隶属于中航集团，是大型国有航空运输集团公司，也是中国唯一载国旗飞行的航空运输企业。国航承担着中国国家领导人出国访问的专机任务，也承担许多外国元首和政府首脑在国内的专包机任务，这是国航独有的国家载旗航的尊贵地位。

国航是世界最大的航空联盟——星空联盟成员、2008 年北京奥运会和残奥会官方航空客运合作伙伴、2022 年北京冬奥会和冬残奥会官方航空客运合作伙伴，具有国内航空公司第一的品牌价值，在航空客运、货运及相关服务诸方面，均处于国内领先地位。

国航的企业标识由一只艺术化的凤凰和中国改革开放总设计师邓小平同志书写的"中国国际航空公司"以及英文"AIR CHINA"构成，如图 4-1 所示。

图 4-1　国航企业标识

"凤凰"是中华民族远古传说中的祥瑞之鸟，集善聚美，引领群伦。国航的标志，既以简洁舞动的线条展现凤凰姿态，又是英文 VIP(尊贵客人) 的艺术变形，颜色为中国传统的大红色，寓意着吉祥、圆满、幸福、安宁。

- 企业使命：安全第一，四心服务，稳健发展，成就员工，履行责任。
- 企业价值观：人本，担当，进取，乐享飞行。
- 企业服务理念：放心、顺心、舒心、动心。
- 企业愿景：全球领先的航空公司。
- 企业品牌定位：专业信赖，国际品质，中国风范。

（二）中国东方航空股份有限公司

中国东方航空股份有限公司，简称"东航"，是总部位于上海的中国东方航空集团有限公司的核心企业。截至 2019 年，东航集团持续推进产业转型升级，着力打造全服务、低成本、物流三大支柱产业，航空维修、航空餐食、创新科技平台、金融平台、产业投资平台五大协同产业融合发展的 "3+5" 产业结构布局。东航致力于以精致、精准、精细服务为全球旅客创造精彩旅行体验，近年来荣获中国民航飞行安全最高奖——"飞行安全钻石奖"，连续 8 年获评全球品牌传播集团 WPP "最具价值中国品牌"前 50 强，连续 4 年入选品牌评级机构 Brand Finance "全球品牌价值 500 强"，在运营品质、服务体验、社会责任等领域屡获国际国内殊荣。

东航企业标识的核心元素是"飞燕"。在中国，燕子被称为吉鸟，相传瑶光星散为燕鸟，跃动的群燕是大自然灵性的化身。它们秋去春归，是春天的使者，预示着希望和美好；它们衔泥筑巢，是吉祥的征兆，传递出和睦与温情；它们翩飞杏林，是及第的象征，昭示着兴盛和进步。"飞燕"承载着东航对旅客和顺吉祥的祝愿。标识基准色是红与蓝，红色代表日出东方，升腾着希望、卓越、激情；蓝色代表邃蓝的大海，广博包容，海纳百川。飞燕姿态自然勾勒出 CHINA EASTERN 的首字母 CE，又形似跃动的音符，显示了东航推动品牌无国界的竞合意识，如图 4-2 所示。

图 4-2　东航企业标识

- 企业愿景：员工热爱、顾客首选、股东满意、社会信任的世界一流航空公司。
- 企业核心价值观：客户至尊，精细致远。
- 企业精神：严谨高效，激情超越。
- 服务理念：超越自身，追求完美。
- 品牌定位：以精准、精致、精细的服务，不断创造精彩的旅行体验。
- 品牌核心价值：世界品位，东方魅力。

（三）中国南方航空股份有限公司

中国南方航空股份有限公司，简称"南航"，总部设在广州，是中国运输飞机最多、航线网络最发达、年客运量最大的航空公司。南航的机队规模亚洲第一、世界第三；年旅客运输量居亚洲第一、世界第六。南航保持着中国航空公司最好的安全纪录，安全管理水平处于国际领先地位。2018 年 6 月，南航荣获中国民航飞行安全最高奖"飞行安全钻石二星奖"，是中国国内安全星级最高的航空公司。南航以"阳光南航"为文化品格，努力打造"亲和精细"的国际一流服务品牌，通过全链条、系统性、一体化的服务管理，致力为旅客提供全流程、规范化、一致性的服务体验。南航拥有年配餐能力超过 9000 万份的专业航空配餐中心，为旅客提供"食尚南航"家乡味地道美食。

南航以宝石蓝色垂直尾翼上镶抽象化的红色木棉花为企业标识，色彩鲜艳、丰满大方。选择木棉花作为航徽，一方面由于南航创立时总部设在南方地域广州，木棉花既可以显示公司的地域特征，也可顺应南方人民对木棉花的喜爱和赞美；另一方面木棉花象征着热情坦诚的风格，符合南航的企业形象，表示南航将始终以坦诚、热情的态度为广大旅客、货主提供尽善尽美的航空运输服务，如图 4-3 所示。

图 4-3　南航企业标识

木棉花是中国南方特有花卉，木棉花树干挺拔高大，每年开春，木棉花先于树叶开放，花朵硕大，红艳艳布满枝头，远望近观，皆富情趣。在我国南方人心目中，木棉花象征高尚的人格，人们赞美她，热爱她，广州市民还把她推举为自己的市花，视为图腾。

- 三个转变：从"被动服务"向"主动服务"转变，从"单纯服务"向"营销服务"转变，从"用行动服务"向"用心服务"转变。
- 服务理念：一切从旅客的感受出发，珍惜每一次为旅客服务的机会。
- 企业愿景：建设具有全球竞争力的世界一流航空运输企业。
- 企业使命：连通世界各地，创造美好生活。
- 核心价值观：顾客至上、尊重人才、追求卓越、持续创新、爱心回报。
- 南航精神：勤奋、务实、包容、创新。

拓展小知识

国航的"四心"服务理念

国航的"四心"工程服务：使客户放心、顺心、舒心、动心，是国航对客户的责任。"四心"服务既是要求又是标准，既是服务过程也是服务结果，使客户享受全流程、全方位的优质服务，带给客户美好体验和感受，是国航持之以恒追求的服务目标。

放心工程：是以安全为核心。顾客选择国航后，感受到一百个放心。国航始终以"安全第一、预防为主"为主导思想，在安全管理上与时俱进，运用新的科学管理技术和措施，细化各项具体管理工作标准和要求，不断改善安全工作环境和品质，让国航的安全飞行品质、安全保障水平持续保持亚洲最好、世界一流。截至 2019 年底，国航安全飞行 47 周年。

顺心工程：是以航班正点和整个服务过程顺畅为核心。顾客从购票开始至到达目的地，

全程顺利圆满。提高航班正点率，认真分析影响航班正点的主要因素并研究解决方案。

舒心工程：是以客户舒适为核心。让旅客在旅途中感受到舒适和愉快。国航继续突出航线特色，细分各类航线的特殊需要，持续推出新的特色服务，让五湖四海的旅客感受到宾至如归；同时加入体贴入微的客舱服务，使旅客在客舱中感受到更多的温馨；全面提高配餐质量，以"中餐特色、国际感觉"为理念，分层次提高餐食质量，成为具有国航特色的配餐服务品牌；积极改善机载娱乐系统，使旅客获得更加舒适的观看感受；座椅升级改造，让旅客在途中得到更舒适的休息。

动心工程：是以满足客户个性化需求为核心。根据旅客特殊需求或者其他具体情况，提供打动人心的个性化服务。

第二节　客舱服务认知

一、客舱服务的概念

"客舱服务"是依托航空公司而存在的，是航空公司提供给旅客的安全、舒适、快捷的产品，该产品既有有形的部分也有无形的部分。

什么是客舱服务？乘务员认为：客舱服务是一项工作；管理者认为：客舱服务是由一些项目组成的服务产品；专家学者认为：客舱服务是满足旅客需求的一系列特征的总和；旅客认为：客舱服务是旅客在飞行过程中的一种体验，是旅客对乘务员行为的感受，也是乘务员在服务中给旅客留下的印象。

从广义上来说，客舱服务是以客舱为服务场所，以个人影响力和展示性为特征，将有形的技术服务与无形的情感传递融为一体的综合性服务；概念强调了技术服务和情感传递两方面内容，这是乘务员综合素质的体现。从狭义上而言，客舱服务是按照民航服务的内容、规范要求，以满足旅客需求为目标，为航班旅客提供服务的过程。

二、客舱服务的重要性

1. 客舱服务是航空公司企业文化的展现窗口

许多航空公司的企业文化建设非常成功，不仅深入人心，更是企业核心竞争力。而客舱是航空公司直接面对旅客的重要窗口，客舱服务的好坏直接代表着航空公司形象的优劣，是航空公司企业文化和品牌价值的直接体现。

1993 年，海南航空执飞的首个航班上，董事长陈峰和时任海南省领导以乘务员身份在客舱中为旅客服务，自此开启了海航 "店小二" 服务精神的企业文化，为海南航空留下了注重服务、真情对待旅客的印象。时隔多年后，在2019年海南航空重温首航26周年活动中，董事长陈峰再次以乘务员身份在客舱中为旅客服务，使海航"店小二"服务精神进一步扎根海航，让旅客感受到海航服务的真心与真情。海南航空用"店小二"的服务理念，在全球航空业中塑造了中华民族的世界级卓越航空品牌，以真情服务和最美微笑，为旅客提供最用心的服务。

拓展小知识

海航"同仁共勉"企业文化

团体以和睦为兴盛；精进以持恒为准则；健康以慎食为良药；诤议以宽恕为旨要；长幼以慈爱为进德；学问以勤习为入门；待人以至诚为基石；处众以谦恭为有理；凡事以预立而不劳；接物以谨慎为根本，如图4-4所示。

图4-4 海航企业文化

2. 客舱服务是航空公司营销的重要手段

航空公司与旅客之间有多种接触与交流的方式，客舱被认为是航空公司提供消费服务的重要场所，是有效地面对面与旅客接触的空间，客舱服务质量的优劣关系到航空公司的品牌知名度和企业利润率，最大限度提高旅客的满意度能为航空公司带来更多的潜在客户。

【案例4-4】上航精英 待客如亲

2019年4月15日，上海航空客舱部收到了旅客专程送来的一面锦旗，上面写着"上航精英 待客如亲"八个大字，如图4-5所示，表达了旅客由衷感谢乘务员的用心服务的感情。

当旅客见到当天航班的乘务员时，感激之情溢于言表。原来，不久之前南宁至上海航班中，两名男旅客带着一个差不多十个月大的宝宝乘坐飞机，这两名旅客分别是宝宝的爸爸和爷爷。在登机时，细心的乘务员就主动帮忙拿行李并安排他们入座，飞机起飞后，小宝宝吵闹不止，爸爸和爷爷如何哄着都无济于事，两个大男人显得束手无策。刚做了妈妈的乘务员看到这种情况，便主动上前用温柔的声音安慰宝宝，并拿着飞机上的玩具逗宝宝，小宝宝慢慢平静下来并露出了可爱的笑容。后续的飞行途中，乘务员时不时地去帮忙照顾宝宝，冲奶粉、哄玩、哄睡……让爸爸和爷爷轻松了很多。

图4-5　上航客舱部收到的锦旗

资料来源：中国民用航空网

三、客舱服务的工作内容

乘务员客舱服务工作内容包括：旅客登机前、旅客登机后、飞行中、飞机落地后。

1. 旅客登机前

检查客舱、厨房、洗手间服务设施状况；检查餐食饮料、供应品、服务用品配备状况；检查客舱卫生状况；检查视频音频设备工作状态；检查客舱灯光；核对机上免税品配备状况。

2. 旅客登机后

迎接旅客并引导入座；指导旅客摆放行李；为旅客提供书报杂志和娱乐用品；操作客舱门分离器。

3. 飞行中

进行中英文客舱广播；指导旅客使用客舱服务设施；保持客舱、厨房、洗手间整洁；指导旅客填写海关、边防、检疫申报表；为聋哑旅客、无成人陪伴儿童等特殊旅客提供服务；判断和处理晕机、压耳等机上常见病；用中英文回答航班时刻、飞行距离等航线知识的问询和处理航班延误、餐食质量等问题的投诉；为旅客提供餐食服务。

4. 飞机落地后

处理飞机滑行期间旅客站立、开启行李架等不安全行为；对客舱、厨房、洗手间进行清舱检查。

四、客舱服务的特点

1. 客舱服务的灵活性

客舱服务工作需要乘务员面对不同的旅客和不同的情景，这意味着在工作中会有很多难以预料的事情发生，而航空公司的服务手册中并不能涵盖所有的操作规程和细节，需要乘务员灵活处理，发挥创造力，竭尽全力为旅客提供优质的服务。

【案例 4-5】一杯奶茶暖人心

在上海飞往越南胡志明市的航班上，乘务员正在为旅客们提供晚餐。这时头等舱的呼唤铃响了起来，是 2 排 A 座的旅客。乘务员走到他的面前，这位外国旅客边说"finished"边挥手示意将小桌板上的食物收走。乘务员看这位旅客面前的食物丝毫未动，甚至面包还未向其提供，心中十分不解，便询问道："先生，是不是我们提供的晚餐不合您的胃口？"旅客没有回答，只是再次示意把餐食收走，态度明确。乘务员继续问道："那现在给您拿些甜点和水果，好吗？""嗯，好吧。"这位旅客想了想才勉强同意。

旅客看着乘务员拿过来的水果和甜点摇了摇头，问道："飞机上有没有饼干？"这时乘务员在脑海里迅速把飞机上配备的食物想了一遍，遗憾地回答说没有。这位旅客此时有些懊恼地说："我到了机场，想在候机楼用餐，可惜餐厅结束营业了，饿着肚子上了飞机，但是机上的食物，我一点都不感兴趣，实在太糟糕了。"听到这样的话，乘务员连连道歉。此时旅客翻看杂志不再说话。

回到厨房，乘务员与乘务长一起努力想办法，希望能够为旅客找到一些他满意的食物，4 个半小时的航程，怎么能让旅客空着肚子下飞机呢。乘务员们开始集思广益，吃饼干的人可能会喜欢甜食，而甜食会带来饱腹感和愉悦感，那么就从这点入手。头等舱的烤箱里还有为旅客提供的餐包，其他旅客大多选了全麦面包，应该还有西式豆沙面包；但是只有面包太单调了，那就再配上一杯甜味热饮吧。之前这位旅客喝的是红酒，机上的咖啡也未必符合他的口味，何不利用机上的资源，帮他调制一杯香浓奶茶呢？特别的调制也代表着乘务组由衷的歉意和充分的尊重。随即，乘务员便开始了奶茶的制作：用玻璃杯倒入三分之二的鲜牛奶，再放入红茶包，将玻璃杯放入烧水杯中缓慢加热，使红茶与牛奶充分融合；5分钟后取出热腾腾的奶茶，再加入半包黄糖，特调奶茶大功告成。乘务员端着豆沙面包和特调奶茶出现在这位旅客面前时，他几乎惊愕住了。"先生，这是热的豆沙面包和特别为您调制的奶茶，希望您能喜欢。"乘务员注意到这位旅客的表情开始慢慢舒缓。5分钟后，他再次按响呼唤铃，而他面前是一个空杯和一个空碟。他笑盈盈地对乘务员说："奶茶真的太美味啦"，连连感谢乘务员。

2. 客舱服务的奉献性

小小的客舱承载着丰富的大千世界，每个航班都在编织着不同的人生剧本。客舱服务工作是乘务员用真情实意的奉献，为旅客传递温暖的力量。

【案例4-6】贴心服务　暖心归途

2019年春运中，一班巴黎至北京的航班上，一名身背旅行包、一手提行李袋、另一只手拉着行李箱的旅客登机后匆匆找到乘务员请求帮助。由于旅客购票时没注意转机时间，到北京后需要立即转机，否则耽误后续行程。

乘务员在旅客登机结束后，第一时间将这名旅客调换到了客舱第一排，并帮助其在座位附近的行李箱安放好行李，以便尽量缩减下机时间。飞机顺利抵达北京后，乘务员又主动找到地服转机工作人员说明情况，希望能够帮助旅客尽快转机。当所有旅客下机后，乘务组做完最后的清舱工作离开飞机走到候机楼后，乘务员却又看见了航班上那名焦急的旅客，原来是他下机时走得太急，背包拉链坏了，东西散落一地，拾掇好之后发现找不到转机工作人员了。由于春运期间旅客太多，他跟随一些旅客来到了现在的位置，之后却不知如何是好。

虽然此时乘务员可以下班了，但看着旅客无助的眼神，乘务员一边安慰旅客不要着急，一边向乘务长说明情况后，主动带着旅客一步步完成后续事宜办理——办理海关手续，前往改签柜台说明情况，协助改签等。通过乘务员无微不至的真情奉献，旅客感受到了浓浓的暖意。

3. 客舱服务的细致性

人们常说：细节决定成败，客舱服务工作也是如此。乘务员在客舱服务中，着手于细微之中，通过细致观察，满足旅客的不同需求。细致性能反映出客舱服务工作的用心程度，可以说抓住细节就抓住了旅客的心，就抓住了客户忠诚度。

【案例 4-7】毛毯的惊喜

某日，在一架正在登机的航班上，乘务员发现一位走进客舱的老先生腰间隐约露出一条蓝色的宽腰带。待旅客落座完毕，乘务员拿着毛毯走到这位老人面前，微笑着将毛毯递给他说："老先生，您的腰是不是不太好呀，给您拿了一条毛毯，您可以垫一下，这样会舒服一些。"老先生非常诧异地看着乘务员，问道："你怎么知道我的腰不好？"乘务员笑着指了指老先生身上的蓝色宽腰带说："我的父亲和您年纪相仿，他的腰也不太好，前些日子我刚给他买过一条同样的腰带。"乘务员一边解释一边为老先生垫好毛毯。老先生感动不已，他跟乘务员说他确实腰不好，正担心坐飞机会不舒服，没想到乘务员的细致服务给了他家人一般的照顾。

第三节　客舱服务工作四阶段

客舱服务工作按照四个阶段有序进行，分别是航前准备阶段、登机准备阶段、空中飞行阶段和航后总结阶段。这既是完成服务工作的重要保证，也是做好服务工作的依据。每个阶段的工作均有明确的内容和要求，需要认真学习掌握。

一、航前准备阶段

（一）个人准备工作

(1) 乘务员登录网上准备系统，了解相关信息，如图 4-6 所示。具体信息内容包括：航班号、飞机号、起飞和落地时间、配餐情况、机组和乘务组人员信息、旅客信息、航线资料、网上准备考试等，如图 4-7 所示。

图 4-6　山东航空 / 深圳航空网上准备系统登录界面

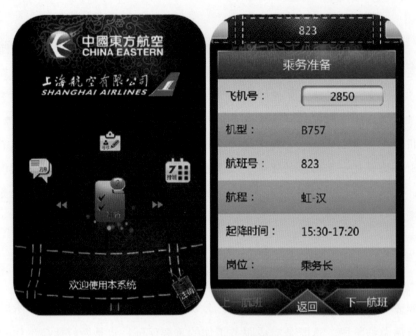

图 4-7　上航网上准备系统界面

(2) 检查个人证件。包括：空勤登机证、客舱乘务员训练合格证、航空人员体检合格证，通常被称为"三证"，如图 4-8 所示。

图 4-8　乘务员"三证"

(3) 准备好个人物品。包括：客舱乘务员手册、客舱广播词、走时准确的手表、手电筒、围裙、针线包、平跟鞋、备份长筒丝袜，佩戴隐形眼镜的乘务员需要备好一副框架眼镜等。

(4) 按照航空公司要求整理好个人仪表着装。

(5) 航班起飞时刻前 2 小时，到达客舱部签到，进入准备室，如图 4-9 所示。

图 4-9　乘务员航前签到并进入准备室

（二）航前准备会

航前准备会如图 4-10 所示。

图 4-10　乘务员航前准备会

(1) 准备会程序：检查仪表着装；确认携带三证；宣读任务书；号位分工；安全准备；服务准备；生产信息传达。

(2) 准备会时间通常为 20 分钟左右。

(3) 具体要求。

① 乘务长对组员的仪表着装进行检查督导，不合格者及时纠正；

② 乘务长抽查组员的三证、手表、框架眼镜等物品；

③ 乘务长宣读任务书，介绍航班情况；

④ 乘务长进行号位分工，落实组员工作职责；

⑤ 乘务长进行安全准备，包括应急设备、舱门操作、空防安全方面的复习和提问；

⑥ 乘务长进行服务准备，包括航线介绍、服务特点、服务计划等内容；

⑦ 乘务长传达客舱部最新生产业务信息。

（三）乘坐机组车抵达停机坪登机

1. 乘坐机组车要求

(1) 优先礼让机长、乘务长、资深同事上车并前排就座；

(2) 机组车上合理、美观、安全地摆放个人工作箱；

(3) 乘车过程中，注意自己的行为语言，禁止大声喧哗；

(4) 保持机组车内环境卫生，禁止乱丢垃圾，禁止饮食；

(5) 下机组车时，原则上按照"后上先下"顺序，依次拿取工作箱下车，注意不要错拿；

(6) 离开机组车时主动向驾驶员表示感谢。

如图 4-11 所示为乘务员依次乘坐机组车。

图 4-11　乘务员依次乘坐机组车

2. 进入候机楼要求

乘务员执行国际航线时，需要走候机楼办理海关手续，在候机楼内需要注意以下事项。

(1) 自然列队行走，禁止散乱无序；

(2) 注意仪态，禁止咀嚼口香糖、接打手机、听音乐、大声喧哗等；

(3) 配合安检人员和海关人员工作，主动出示证件和护照；

(4) 公共场合使用文明用语；

(5) 遵守海关规定，如实申报个人物品。

如图 4-12 所示为乘务员进入候机楼。

图 4-12　乘务员进入候机楼

二、登机准备阶段

此阶段分为两个部分，第一部分是乘务员登机后的工作阶段，第二部分为旅客登机后的工作阶段。

（一）乘务员登机后

乘务员登机后各司其职，按照号位分工完成相应的工作内容。

(1) 检查应急设备，确认是否齐全并处于有效期内，如图 4-13 所示。

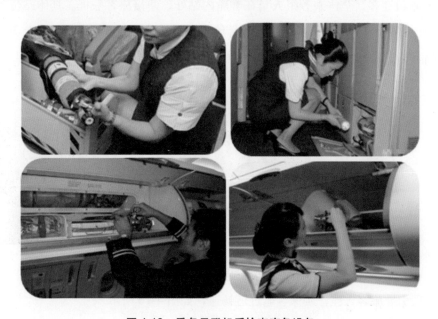

图 4-13　乘务员登机后检查应急设备

(2) 检查卫生间、厨房、客舱卫生。

(3) 摆放卫生间用品，摆放书报杂志，准备迎宾饮品等，如图 4-14 所示。

图 4-14　乘务员登机后整理书报杂志

(4) 清点餐食和机供品的数量和种类，清点酒类数量和种类等。

(5) 国内航线核对机上销售物品数量和种类，国际航线核对免税品数量和种类。

(6) 检查客舱设备，如阅读灯、显示屏、脚踏板等。

(7) 清舱。

（二）旅客登机后

(1) 乘务员迎客。全体乘务组人员在客舱内站好，迎接旅客登机。具体站位为：乘务长站在登机舱门处，头等舱乘务员站在头等舱内过道处，公务舱乘务员站在公务舱内过道处，经济舱乘务员分别站在经济舱前部、中部和后部的过道处，如图 4-15 所示。

图 4-15　乘务长与乘务员在迎接旅客登机

(2) 合理引导旅客入座，确保客舱过道畅通，如图 4-16 所示。

图 4-16　乘务员引导旅客入座

（3）应急出口座位确认。当应急出口座位的旅客落座后，负责该区域的乘务员第一时间向旅客介绍应急出口座位须知。参考服务用语为："女士 / 先生您好，您的座位是飞机的应急出口位置，请不要在您的脚下放置任何物品，正常情况下请不要碰触红色手柄，应急情况下我们需要您的帮助，这里是应急出口座位须知卡，请您阅读。谢谢！" 如图 4-17 所示。

图 4-17　乘务员应急出口座位确认

（4）操作舱门滑梯预位，如图 4-18 所示。

图 4-18　乘务员操作舱门滑梯预位

（5）欢迎词广播，如图 4-19 所示。

图 4-19　乘务员客舱广播

（6）安全演示操作。目前，在有录像播放《安全演示》的航班上，乘务员需要演示应急出口的位置；在无录像播放《安全演示》的航班上，乘务员需要演示救生衣、氧气面罩、安全带、应急出口等内容，如图 4-20 所示。

（7）起飞前安全检查。

客舱检查：关闭行李箱，打开遮光板，调直座椅靠背，收起小桌板，收起脚踏板，系好安全带，应急出口无行李，手机关闭或者调成飞行模式，如图 4-21 所示。

救生衣演示

氧气面罩演示

安全带演示

应急出口演示

图 4-20　乘务员安全演示

图 4-21　乘务员客舱安全检查

厨房与卫生间检查：关闭厨房电源，锁闭备份箱门与烤箱门，固定餐车，门帘收起扣好，放下卫生间马桶盖，锁闭卫生间门，如图 4-22 所示。

图 4-22　乘务员厨房安全检查

【案例 4-8】大妈嫌闷想透气，航班延误 1 小时

2019 年 9 月 23 日，厦门航空武汉至兰州 MF8215 航班旅客登机阶段，坐在机上应急出口座位的一名旅客，将身旁的应急出口打开，导致航班延误 1 小时。而这名旅客给出的理由竟然是：机舱里太闷了，想开窗户透透气。

厦航工作人员回应称，此事发生在旅客即将登机结束时。打开飞机应急出口的这名旅客，在其落座后，乘务员就已经提醒过她不要触碰应急手柄，但乘务员转身去协助其他旅客时，该乘客仍旧触碰开关，开启应急出口。事发后，该旅客被警方带离现场，但是航班还是因此延误了大约一个小时。如图 4-23 所示为当日航班被打开的应急出口。

被打开的应急出口　　　　　　　　　　正常情况下的应急出口

图 4-23　当日航班被打开的应急出口

三、空中飞行阶段

(1) 细微服务，包括分发耳机、送热毛巾、送毛毯靠枕、送书报杂志、支摇篮等，如图 4-24 所示。

图 4-24　机上细微服务

(2) 广播服务，包括航线广播、开餐广播、颠簸广播、下降广播等。

(3) 餐饮服务，为旅客提供免费或者付费的餐食和饮品，如图 4-25 所示。

图 4-25　机上餐饮服务

(4) 销售服务，部分航空公司在飞行中会向旅客销售纪念品，国际航线会销售免税品，如图 4-26 所示。

图 4-26 机上销售服务

（5）巡视服务，乘务员在飞机巡航过程中在客舱内走动，观察旅客需求，处理特殊情况，为旅客提供周到及时的服务。

（6）下降阶段安全检查，与起飞前安全检查相同。

（7）操作舱门滑梯解除预位。

（8）乘务员送客。

（9）清舱，仔细检查客舱，避免旅客遗落个人物品在飞机上。

四、航后总结阶段

乘务长针对当班航班工作情况进行点评和总结，分析航班中的问题，提出改进措施，若有特殊情况，及时上报客舱部。整理需要签收的各类文件，交回客舱部，如图 4-27 所示。

图 4-27 南方航空的乘务组在进行航后总结

思考题

1. 如何理解"服务"的概念?

2. 服务的本质是什么?

3. 服务有哪些特性?

4. 简述三大航的服务理念。

5. 客舱服务的意义是什么?

6. 简述客舱服务工作内容。

7. 简述客舱服务特点。

8. 客舱服务分为几个工作阶段? 分别是什么?

9. 乘务员的"三证"指的是什么?

10. 航前准备会的内容有哪些?

11. 旅客登机后,乘务员的工作内容有哪些?

12. 安全检查包括哪些内容?

13. 空中飞行阶段有哪些服务内容?

第五章
客舱服务操作规范

　　客舱服务操作规范是航空公司提升客舱服务品质的重要环节，乘务员需严格按照规范要求完成客舱服务工作。优秀的客舱服务不仅能提高航空公司品牌价值，扩大市场影响力，还能增强个人业务技能，提高职业素养。通过本章内容学习，大家应了解和掌握客舱服务操作要求，为今后工作打下夯实基础。

第一节　客舱环境服务规范

一、客舱温度

　　客舱温度可由驾驶舱顶部面板中的温度选择器或者 L1 门处乘务员控制面板中的 TEMPERATURE 功能进行调节。通常，客舱温度在 18 ℃（64 ℉）至 30 ℃（86 ℉）之间可任意调节。在调节客舱温度时，需要注意以下几方面因素。

　　(1) 旅客人数：客座率在 90% 以上时，通常选择 20 ～ 22 ℃；当客座率在 50% 及以下时，可适当提高客舱温度至 22 ～ 24 ℃。

　　(2) 飞行时间段：白天飞行时，旅客比较活跃，客舱温度通常选择 20 ～ 22 ℃；夜晚飞行时，旅客大多处于安静状态，客舱温度通常选择 22 ～ 24 ℃。

　　(3) 巡航阶段：旅客用餐期间，客舱温度通常选择 20 ～ 22 ℃；旅客休息期间，客舱温度通常选择 22 ～ 24 ℃。

　　此外，人体在高空中容易缺氧，客舱环境属于高空低气压环境，若客舱温度过高，会增加昏厥、晕倒的可能性，故而客舱温度尽可能保持在较低的范围。

二、客舱灯光

　　客舱灯光系统由多种 LED 灯、荧光灯和白炽灯组成，分布在旅客座椅区域、客舱进入区域、厨房区域、乘务员工作区域、卫生间和储物柜等位置。每个区域的灯光均有不同的档位或者色彩之分。乘务员可用通过客舱控制面板操作客舱灯光，如图 5-1 和图 5-2 所示为飞机客舱内饰灯光和灯光操作控制面板。

图 5-1　波音 787 飞机客舱的"天空内饰"灯光

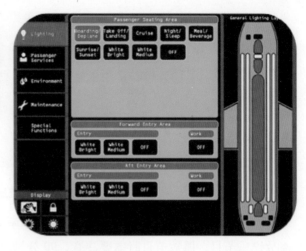

图 5-2　三种灯光操作控制面板

飞行中，为了给旅客营造更好的客舱氛围，乘务员应根据不同服务内容与服务时段，随时调整客舱灯光的明暗度与色彩。

(1) 旅客上下飞机时，客舱灯光调至 BRT/Boarding/Deplane 挡，厨房灯光调至 BRT 挡。

(2) 飞机起飞下降时，客舱灯光调至 Takeoff/Landing/DIM 2/Low 挡，厨房灯光调至 Low 挡。

(3) 白天巡航时，客舱灯光调至 DIM 1/Middle/Cruise 挡，厨房灯光调至 BRT 挡。

(4) 夜间巡航时，客舱灯光调至 DIM 2/Low/Night 挡，厨房灯光调至 Low 挡，并打开工作灯。

(5) 供餐期间，客舱灯光调至 BRT/Meal/Beverage 挡，厨房灯光调至 BRT 挡。

(6) 旅客阅读时，主动帮助打开阅读灯。

三、客舱音乐

当旅客在上下飞机时，乘务员需要播放客舱音乐作为欢迎曲或者欢送曲。通常曲目的选择应以节奏优美、曲调舒缓为宜，不适合播放摇滚乐。每逢节假日，应该播放相应的节日歌曲。播放音乐时，需要注意音量的大小以不影响两人交谈为宜。

四、客舱娱乐节目

飞机上会为旅客准备丰富多彩的娱乐节目，通过客舱行李箱下方的显示屏幕或者旅客座椅前方的个人娱乐系统提供给旅客观看，如图 5-3 所示。

图 5-3　机上娱乐系统显示屏幕

在没有配置个人娱乐系统的机型上，乘务员需要通过客舱行李箱下方的显示屏幕为旅客播放娱乐节目。播放节目时需要注意，90 分钟以内的航班尽量不播放电影，可选择空中博览、综艺节目、纪录片等；在配有个人娱乐系统的机型上，乘务员需要打开娱乐系统电源，方便旅客自选节目观看，如图 5-4 所示。

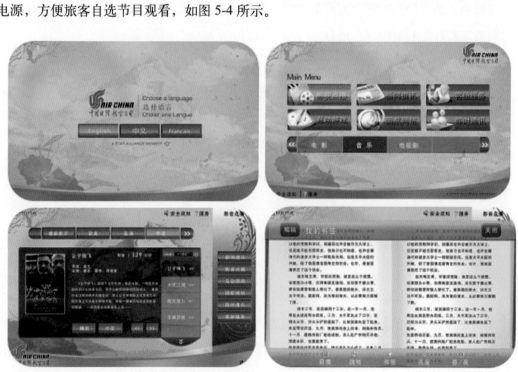

图 5-4　国航机上个人娱乐系统

五、客舱隔帘

在客舱不同区域之间、客舱与厨房之间均安装有门帘，起到分隔舱位等级、避开旅客视线的作用，如图 5-5 所示。当飞机起飞、下降、滑行时，必须将门帘收起扣好，只有在

巡航阶段，才能展开门帘。

图 5-5　客舱隔帘

隔帘操作方法如下。

(1) 展开操作：面对隔帘 45°，解开隔帘扣，双手轻轻展开隔帘，注意两片隔帘间不要留有缝隙。

(2) 收起操作：面对隔帘 45°，轻轻收起隔帘，系好隔帘扣。如图 5-6 所示为隔帘操作。

图 5-6　隔帘操作

六、卫生间清洁标准

卫生间是客舱服务设施的重要组成部分，卫生间的整洁与否关系到客舱服务质量的优劣。乘务员从登机开始，就要对卫生间实施监管、监控和清洁工作。

卫生间清洁标准如下。

(1) 卫生用品齐全，包括洗手液、擦手纸、润肤霜、润肤水、香水、鲜花、马桶垫纸、卫生纸、棉签、卫生巾和清洁袋等，如图 5-7 所示。

图 5-7　卫生间用品

(2) 做到"四净"：镜面干净、洗手池干净、马桶干净、地面干净。

(3) 擦手纸抽出一半，卫生纸叠成三角形，马桶垫纸铺好，如图 5-8 所示。

除此之外，飞机在起飞和下降阶段需要盖好马桶盖，防止卫生间的用品滑入马桶中，造成马桶堵塞，影响旅客使用。

图 5-8　卫生纸叠成三角形

第二节　报纸杂志提供规范

一、报纸杂志介绍

飞机上除了有丰富多彩的娱乐节目外，还配有多种报纸杂志供旅客阅读。机上阅读刊物通常分为三类：新闻类、财经类、休闲类。报纸种类通常以航空公司所在地的报纸为主，杂志种类，不同航空公司的配备略有差异，如图5-9所示。

图5-9　机上阅读报纸杂志

二、报纸杂志提供方式

在飞机上为旅客提供报纸杂志有三种方式：折叠车、报架、乘务员发放。

(1) 折叠车：将报纸杂志分类整理好，放置在折叠车上，便于旅客登机时自选。

当飞机对接廊桥时，将折叠车推放至廊桥与主登机口对接处，如图5-10所示。

当飞机对接客梯车时，将折叠车推放至主登机口对面的舱门区域。

(2) 报架：将报纸杂志分类折叠，美观整齐地摆放在报架上；头等舱可以摆放在吧台上，

如图 5-11 所示。

图 5-10　折叠车提供报纸杂志

图 5-11　报架提供报纸杂志

(3) 乘务员发放：待旅客全部登机后，由乘务员手拿报纸杂志，在客舱内发放给旅客，如图 5-12 所示。

图 5-12　乘务员发放报纸杂志

三、报纸杂志发放操作

（一）报纸杂志拿法

(1) 左手四指并拢，掌心朝上，托住报纸杂志底部；

(2) 左手拇指在内侧；

(3) 右手四指并拢，掌心朝上，托住报纸杂志侧边；

(4) 右手拇指扶在报纸杂志右上角；

(5) 按照乘务员标准站姿站立，面带微笑。

如图 5-13 所示为报纸杂志拿法。

图 5-13　报纸杂志拿法

（二）报纸的发放方法

(1) 将相同的报纸叠放在一起，不同种类报纸扇形展开；

(2) 左手四指并拢，掌心朝上，托住报纸底部；

(3) 发放时，用右手拇指和食指捏住报纸的左上角，沿着报纸上边缘滑至报纸右上角；

(4) 抽取出报纸，右手掌心朝上，拇指压在报纸上面，其余四指放在报纸下面，将报纸首页面向旅客发放；

(5) 最上面的报纸直接拿取递送。

如图 5-14 所示为报纸发放方法。

（三）杂志的发放方法

(1) 相同的杂志不需要叠放，扇形展开即可；

（2）左手四指并拢，掌心朝上，托住杂志底部；

（3）用右手拇指和食指将旅客需要的杂志直接抽出来；

（4）右手掌心朝上，拇指压在杂志上面，其余四指放在杂志下面，将杂志正面朝向旅客发放。

如图 5-15 所示为杂志发放方法。

图 5-14　报纸发放方法

图 5-15　杂志发放方法

四、注意事项

（1）熟悉机上配备的报纸杂志名称，杂志与报纸不能混发；

（2）发放时做好延伸服务，为有需要的旅客打开阅读灯；

（3）发放顺序为从前往后、从里往外、从左往右、女士优先；

（4）发放时，应面对旅客 45°站立，上身略微前倾，面带微笑，眼神专注，语言轻柔；

(5) 语言训练："女士 / 先生您好，今天航班上准备了环球时报、新京报和生命时报，请问您需要吗？"

第三节　餐饮服务操作规范

规范的端拿倒送动作，是乘务员的基本服务技能，体现了乘务员的职业素养。操作时要动作标准、技能娴熟、仪态优雅、语言得体。

一、端拿倒送

（一）端

端托盘的规范动作如图 5-16 所示。

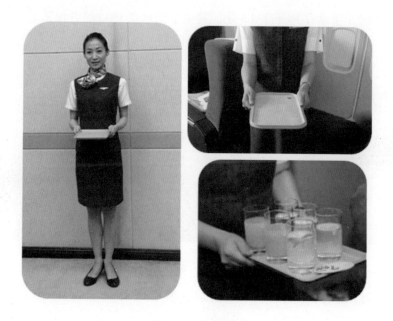

图 5-16　端托盘

(1) 无论托盘大小，都要竖着端；

(2) 端托盘时，手放在托盘的后 1/3 处，即靠近身体这一侧；

(3) 拇指扶住托盘的边沿，其余四指撑在托盘底部；

(4) 端托盘的高度位于腰际，不可高于座位上旅客肩膀的高度；

(5) 端大托盘在客舱转身时，托盘不转身体转；

(6) 端大托盘时，托盘只能留在客舱过道处，不能伸进旅客座位中；

(7) 用大托盘端水杯时，每盘最多只能摆放 15 杯，如图 5-17 所示。

图 5-17　大托盘端水

（二）拿

(1) 拿杯子时，手拿在杯子下 1/3 处，避免手指污染杯口且方便旅客接拿，如图 5-18 所示。

图 5-18　拿杯子

(2) 拿饮料时，手持饮料下半部，如图 5-19 所示。

图 5-19　拿饮料

(3) 持空托盘进入客舱时，不必端托盘，拿在身体一侧即可，如图 5-20 所示。

图 5-20　拿空托盘

(4) 拿热水壶时，一手握住水壶把手，一手托住水壶底，壶嘴朝向过道一侧，并借助小毛巾保护自己，如图 5-21 所示。

图 5-21　拿热水壶

(三)倒

(1) 倒水或者果汁时，应倒至杯子七成处；

(2) 倒热饮时借助小毛巾，避免烫伤；

(3) 倒带气的酒水时，要沿着杯子边缘倾斜倒入杯中，防止气泡或者泡沫溢出；

(4) 为儿童倒水时，应倒至杯子五成处，并交于监护人手中。

如图 5-22 所示为倒饮料操作。

图 5-22 倒饮料

（四）送

(1) 送礼品时，礼物正面朝向旅客。

(2) 送水时，杯子航徽朝向旅客，如图 5-23 所示。

图 5-23 送礼物、送水

(3) 送餐时，乘务员要调整餐盘内小水杯杯把的位置，使之与旅客右手成 45°，如图 5-24 所示。

(4) 送餐时，热食摆在餐盘中靠近旅客的位置，如图 5-24 所示。

图 5-24 热食位置

（5）送餐时，餐盘沿着桌面递给旅客，禁止从头顶上方传递，如图 5-25 所示。

图 5-25 送餐

（6）从餐车中抽取餐盘的顺序是由下往上依次取出。

（7）送餐顺序为从前往后、从里往外、从左往右、女士优先。

（8）乘务员提供服务时，应面对旅客 45°站立，双脚并拢，上身略微前倾，面带微笑，眼神专注，语言轻柔。

二、收放物品

（1）乘务员放置物品的基本原则是：轻、稳、准，无论在客舱内还是厨房里都要遵守。

（2）乘务员回收餐盘时，从上至下依次放入餐车中。

（3）使用托盘回收杯子时，杯子在托盘中从内侧向外侧依次摆放。

（4）空杯子摆放在托盘中，最多不超过五个摆在一起，以防颠簸时散落。如图 5-26 所示为收放杯子操作。

图 5-26 乘务员收杯子、放杯子

三、餐车推拉与摆放

（一）餐车推拉

(1) 推餐车时，双手扶住餐车的两侧。

(2) 拉餐车时，双手抓住餐车的横把手。

(3) 在客舱中使用餐车提供服务时，随时使用刹车板固定餐车，避免车辆失控。

如图 5-27 所示为推拉餐车操作。

图 5-27　推拉餐车

（二）餐车摆放

在客舱服务中，乘务员使用餐车为旅客送餐送水。

送餐时，餐车的摆放方式如图 5-28 所示。

(1) 冷盘或者冷食盒放在车内。

(2) 热食码放在餐车上面，不能超过 2 层，防止遇有颠簸时热食滑落。

(3) 余下的热食放入餐车内的冷盘中，或者用大托盘盛装放入餐车内。

(4) 送餐时，需要将餐车门始终保持打开状态。

图 5-28 餐车摆放

送水时，水车的摆放方式如图 5-29 所示。

(1) 将水车布铺在水车上；

(2) 饮料托放置于水车台面的中部；

(3) 茶壶与咖啡壶放在水车内，用大托盘盛装；

(4) 冰桶内装入冰块和冰勺，挂于水车侧方；

(5) 备用饮料与其他物品放入水车内；

图 5-29 水车摆放

(6) 水车门保持关闭状态;

(7) 水托内饮料摆放要求:饮料盒标志朝外摆在两侧,瓶装水饮摆在中间,水托纸杯高度不超过瓶装水饮高度。

(三)乘务员相互传递水壶操作

在客舱服务中,乘务员会经常相互传递水壶,为了保证安全,防止因颠簸导致热水溅落而烫伤旅客和自己,传递水壶时需要按照以下标准操作。

(1) 一手握住壶把,一手用小毛巾托住水壶底部;

(2) 将壶把转向对面乘务员方向;

(3) 在水车上方传递;

(4) 传递水壶要传得稳、接得准。

乘务员传递水壶操作如图 5-30 所示。

图 5-30 乘务员传递水壶

第四节 客舱销售操作规范

随着民航业的发展,全球的航空公司在巩固自身品牌效应和盈利能力的同时,不断扩展客舱服务项目,越来越注重视为旅客提供更多优质服务内容。机上销售就是航空公司重点推广的一项服务，国际航线有免税品销售，国内航线有精选商品销售。它在为旅客创造非凡购物体验的同时，能够提高航空公司的收入。

一、免税品销售

免税品销售是航空公司执行国际航线时，为旅客提供的一项销售服务。乘务员需要学习各国海关规定、识别主要流通货币、掌握 pos 机操作方法及可以使用的信用卡种类、了解各种商品特点等。

免税品销售操作流程如下。

(1) 乘务长在航班前领取免税品销售包。里面包含 pos 机、小票打印纸、订书器、备用签封、钱袋、备用金、免税品车钥匙、免税品销售明细单等，如图 5-31 所示。

图 5-31　免税品销售包内物品

(2) 登机后，负责销售免税品的乘务员需要检查核对免税品车。车上的铅封号与免税品销售明细单中的铅封号一致，锁头完好无损，如图 5-32 所示。

图 5-32　核对铅封号

(3) 飞行途中，按照乘务长要求，在餐饮服务结束后开始销售免税品。根据各国海关规定，提醒旅客适量购买，如图 5-33 所示。

图 5-33　乘务员销售免税品

（4）免税品销售广播。通过广播，乘务员可以迅速有效地调动旅客的购买积极性。

（5）将免税品展示在免税品车上，推车在客舱内走动，使旅客能够直观地看到物品。

（6）适当进行产品推荐与宣传。

（7）飞机进入下降阶段结束销售。

（8）清点核对车内物品，款账一致，填写免税品销售明细单。

（9）确认无误，将钱物单据装入车内，免税品车上锁、上签封。

二、商品销售

机上商品销售主要存在于低成本航空公司中，如春秋航空、首都航空等。销售的商品多种多样，包括飞机模型、面膜、手表、儿童书包、水杯、闹钟等，如图 5-34 所示。

图 5-34　乘务员销售商品

机上商品销售操作流程如下。

(1) 乘务员广播介绍并展示商品;

(2) 推商品车在客舱内走动,使旅客能够直观地看到物品;

(3) 向有购买需求的旅客做详细讲解;

(4) 销售结束后清点核对车内物品,款账一致;

(5) 确认无误,将钱物单据装入车内。

三、销售要点

(1) 对销售商品的特点、优点、卖点需要全面了解;

(2) 商品在销售车上展示时,摆放成金字塔样式,内高外低,方便旅客阅览,如图 5-35 所示;

(3) 商品名称、商标、图案等朝向外侧;

(4) 确保商品摆放的稳定性与安全性;

(5) 商品销售可以配以节日主题,色彩搭配上凸显主题元素,如图 5-36 所示;

(6) 销售商品广播注意语音语速,音量适中,语调舒缓流畅,注意强调重点;

(7) 销售态度诚恳、自然、亲切,既不过分推销也不消极冷淡;

(8) 保持良好销售心态。

图 5-35　商品摆放成金字塔样式

图 5-36　新年主题——红色元素

四、销售意义

(一)方便旅客

为了丰富旅客的旅途时光,使旅客得到更好的服务体验,航空公司开展了机上销售业

务。商品价格便宜、样式繁多，且配有乘务员专业讲解，故而受到旅客的青睐。

（二）创造收益

机上商品销售可为航空公司带来增项收益。由于航空公司竞争激烈，全球航企已经进入微利时代，开展机上销售业务，会为航空公司带来接近总收入 5% 的辅助收入。

（三）品牌效应

提升旅客满意度和忠诚度已经成为航空公司的主要关注点，机上商品销售，尤其是免税品销售，可以进一步打造航空公司的品牌效应，提升旅客对航空公司的认知度。

思考题

1. 当客座率在 90% 以上时，客舱的适宜温度是多少？

2. 夜间飞行时，客舱的适宜温度是多少？

3. 飞机在起飞下降阶段，客舱灯光应调至什么状态？

4. 播放客舱音乐时要注意什么？

5. 客舱隔帘有什么作用？

6. 卫生间"四净"指的是什么？

7. 机上报纸杂志有几种提供方式？分别是什么？

8. 提供报纸杂志的注意事项有哪些？

9. 简述端托盘的要点。

10. 客舱供餐时的送餐顺序是什么？

11. 乘务员放置物品的基本原则是什么？

12. 简述水车摆放原则。

第六章

机上餐饮服务

机上餐饮服务一直是乘务员工作的重要组成部分。虽然，一些低成本航空公司取消了免费餐食，但通过付费方式依旧可以享受此项服务。全服务型航空公司始终着力打造高品质的机上餐饮服务，为旅客创造舒适乘机体验。通过本章内容学习，大家可了解和掌握机上餐饮服务的内容与标准，提升个人餐饮服务技能。

第一节　机上餐食介绍

一、机上餐食供应类型

通常而言，航空公司会根据航班飞行时间段或者飞行距离配备不同类型的餐食。按照供应时间与飞行距离，可将餐食分为如下类型。

- 早餐。
- 正餐。
- 快餐。
- 点心餐。
- 果仁。

（一）早餐

早餐供餐时间为 6:30 ～ 9:00。餐食分为两种：中式早餐和西式早餐，如图 6-1 所示。某些航班会选用盒装早餐代替盘装早餐。

经济舱中式早餐（白粥配豆沙包）　　　　经济舱西式早餐（洋葱炒蛋配牛角包）

图 6-1　深圳航空经济舱早餐样式

（二）正餐

正餐供餐时间为 10:30 ～ 13:30 和 16:30 ～ 19:30，即午餐和晚餐。经济舱正餐的冷餐盘食物相同，热食有至少两种选择，且定期更换，如图 6-2 和图 6-3 所示。某些航班会选用盒装冷餐代替盘装冷餐。两舱（头等舱和公务舱）正餐通常分为中式正餐与西式正餐，供旅客选择，如图 6-4 所示。

图 6-2　经济舱正餐样式

图 6-3　使用不用颜色的外包装区分经济舱正餐热食种类

公务舱西式正餐（洋葱汁牛排）　　　　　　公务舱中式正餐（鲍汁海鲜）

图 6-4　深圳航空公务舱正餐样式

（三）快餐

快餐是为非早餐与正餐时段航班的旅客准备的餐食。通常飞行时间在 1.5 小时以上，

航班，配备三明治、汉堡包或者烧饼等，如图6-5所示。

图6-5　快餐样式

（四）点心餐

点心餐是为飞行时间在1小时左右，且非用餐时段航班的旅客准备的餐食。点心餐通常用纸盒盛放，内含面包、零食、水果和饮用水，如图6-6所示。

图6-6　点心餐样式

（五）果仁

果仁是为飞行时间在1小时以内的旅客准备的零食，或者作为国际航线开餐前的零食。果仁食品通常为海苔花生、盐焗杏仁、香酥青豆等，均为袋装食品，如图6-7所示。

图 6-7 果仁样式

二、机上餐食供应标准

机上餐食供应标准通常由航空公司根据舱位等级、航程距离和飞行时间段来设计。不同地域、不同季节、不同航线，餐食内容会做出相应调整。每逢重要节日，航空公司还会增配与节日相应的食品。

（一）国内航线

1. 两舱标准

(1) 早餐：中西式任选。中式为白粥、中式热食、冷荤、水果；西式为西式热食、麦片/酸奶、甜品、水果。

(2) 正餐：三种热食选择，冷荤/沙拉，水果，多种面包任选。

(3) 快餐：两种热食选择，冷荤/沙拉，水果，多种面包任选。

(4) 点心餐：中式点心/面条任选，甜品，水果。

2. 经济舱标准

(1) 早餐：中西式任选。中式为白粥、中式热食、水果；西式为西式热食、甜品、水果。

(2) 正餐：两种热食选择，沙拉，面包，水果。

(3) 快餐：三明治或者烧饼。

(4) 点心餐：面包，水果，零食。

（二）国际航线

1. 两舱标准

(1) 早餐：中西式任选。中式为白粥、中式热食、冷荤、甜点、水果；西式为西式热食、麦片、甜品、水果、面包。

(2) 正餐：头盘，汤，三种热食选择，沙拉，水果，甜点，多种面包任选。

(3) 快餐：头盘，两种热食选择，沙拉，水果，多种面包任选。

(4) 点心餐：中西式点心任选，甜品，水果。

2. 经济舱标准

(1) 早餐：中西式热食任选，水果，甜品，面包。

(2) 正餐：两种热食选择，冷荤，沙拉，面包，水果。

(3) 快餐：热食，沙拉，甜点，水果。

(4) 点心餐：西点，面包，坚果，巧克力等零食。

【案例 6-1】 吉祥航空推出"如意三部曲"全新公务舱餐食

根据中国民航网报道，吉祥航空从 2020 年 8 月 15 日起，在所有国内航班上推出"如意三部曲"全新公务舱餐食理念及系列产品。

"如意三部曲"全新公务舱餐食理念包括"如意食盒""如意热食"与"如意点心"系列产品。其中"如意食盒"分为正餐、轻正餐、早餐和点心餐，对应不同供餐时间段的需求，以冷荤/咸点心、三明治、水果/麦片粥、甜品等不同餐点搭配构成。所有食材均经过精心挑选，并以精美环保的简约风餐盒盛装呈献给公务舱旅客，展现了吉祥航空高品质航食所秉承的安全、健康、适量、均衡原则。"如意食盒"上线后，旅客将在万米高空体验沪式熏鱼、萨拉米火腿、鸡蛋奶酪菠菜卷饼、蔓越莓杏仁麦片粥等各色健康膳食。与此同时，公务舱旅客享有丰富的餐食选择及个性化需求，吉祥航空结合部分航线运行特点，推出"如意点心"和"如意热食"，包括健康低脂三明治与高品质荤素主菜、下饭菜与健康主食搭配的可口热餐，如图 6-8 所示。

吉祥航空国内航班经济舱也将于同日起恢复多样化餐食供应，在供餐时间段内提供全新研发的荤素搭配米/面类正餐热食或三明治点心，搭配小点和饮品，为旅客带来久违的舒适用餐体验。

配合民航局关于航班安全运行的相关规定，"如意三部曲"公务舱餐食、经济舱餐食以及机上各类酒水饮料等将在吉祥航空实际承运且飞行时间大于91分钟的国内航班上供应。

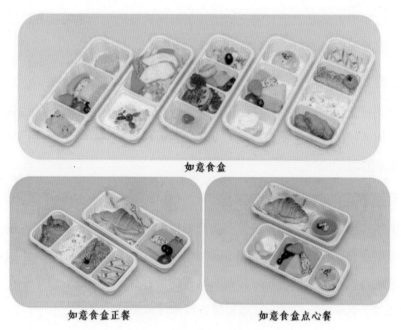

如意食盒正餐　　　　　　　　　如意食盒点心餐

图 6-8　吉祥航空如意食盒

资料来源：中国民航网

三、餐食服务对乘务员的要求

（一）掌握饮食文化知识

航空公司的机上餐食种类越来越丰富多样，中式、西式、地方特色美食、小吃等应有尽有。乘务员需要了解各地饮食民俗，才能更好地为旅客介绍机上餐食，回答旅客可能提出的问题，为旅客提供优质的餐食服务。如果对饮食文化的了解不够深入，容易造成服务简单生硬、程序化、模式化。

（二）掌握餐饮服务技能

小小的一顿飞机餐，却有着大大的学问。从提供餐前饮料开始到供餐结束，旅客进入休息状态，乘务员需要掌握丰富的餐饮服务技能。尤其是两舱的餐饮服务，需要更加细致丰富的技能和经验。乘务员既要熟练使用各种餐饮服务用品，又要熟练操作各种厨房设备；既要懂得茶艺，又要懂得鸡尾酒；既要体现职业性，又要展现优雅性。

（三）了解食品卫生与安全知识

旅客对机上餐食的要求不仅仅停留在色香味的层面上，他们更关注食品安全与食品卫生状况。虽然飞机餐有严格的安全监控程序，但有时也会由于处置不当而出现食物变质的

问题。乘务员需要学习食品卫生与安全知识，了解飞机餐的生产加工流程，掌握机上餐食管理知识和异常情况处置知识。

（四）掌握食品营养知识

航空公司的机上配餐越来越注重营养搭配，乘务员学习营养知识，关注餐食的搭配，可以更好地为旅客提供个性化餐食服务，不仅给旅客带来味觉享受，更能凸显乘务员的健康理念与专业素养。

（五）了解旅客的饮食习惯与禁忌

飞机上的旅客来自天南海北，民族、信仰、风俗习惯、生活方式都存在很大差异。乘务员为旅客提供餐食服务时，必须了解不同国家、不同地区、不同信仰、不同民族旅客的饮食禁忌，避免造成不良后果。同时，有的旅客由于自身体质问题，对某些食物会出现过敏反应，乘务员在服务时，要尽可能避免旅客接触过敏源。

第二节　机上饮品介绍

一、机上饮品种类

航空公司在航班上为旅客提供的饮品，可以分为酒精饮料和无酒精饮料两类。所谓酒精饮料，是指供人们饮用的，且乙醇含量在 0.5%(vol) 以上的饮料。飞机上的含酒精饮料包括啤酒、葡萄酒、洋酒和鸡尾酒；飞机上的无酒精饮料包括矿泉水、果汁、碳酸饮料、乳饮、茶和咖啡。不同航空公司选择的饮品品牌略有差异。

二、机上冷饮介绍

（一）果汁

飞机上常配的果汁包括橙汁、番茄汁、苹果汁、葡萄汁、椰子汁、蓝莓汁、混合果蔬汁、凉茶等。经济舱会配备 3 ~ 4 种果汁，两舱会配备至少 6 种果汁，如图 6-9 所示。

（二）矿泉水

飞机上的矿泉水分为无气矿泉水和有气矿泉水。头等舱会增配有气矿泉水，经济舱通常仅配备无气矿泉水，如图 6-10 和图 6-11 所示。

图 6-9　机上配备的果汁

头等舱无气矿泉水　　　　　　　　　头等舱有气矿泉水

图 6-10　头等舱矿泉水

图 6-11　经济舱矿泉水

（三）带气饮料

飞机上的带气饮料包括可乐、无糖可乐、雪碧或七喜、苏打水、汤力水、干姜水等，如图 6-12 和图 6-13 所示。

图 6-12　头等舱带气饮料

图 6-13　经济舱带气饮料

（四）乳饮

飞机上的乳饮包括鲜牛奶、纯牛奶和酸奶，如图 6-14 所示。

图 6-14　飞机上的乳饮

三、机上热饮介绍

（一）热水

飞机的厨房内配有煮水器和烧水杯，可分别将冷水最高加热到 85℃ 和 91℃，可为旅客提供热水服务，同时也可冲泡茶水、咖啡或者奶粉。

（二）茶

香茗迎宾是中国源远流长的待客之道。茶之香气沉静内敛，给旅途中的人们带来一份淡定和从容。航空公司配备了数种茶品供旅客品尝，包括铁观音、正山小种、龙井、大红袍、金骏眉、茉莉花茶、伯爵茶、普洱茶、菊花茶等。经济舱通常配两种茶品，以红茶、绿茶或花茶为首选；两舱茶品种类繁多，并搭配茶点提供。如图 6-15 ～图 6-17 所示为各式茶品。

图 6-15　国航头等舱"紫轩茶道"

图 6-16　夏航头等舱"天际茶道"

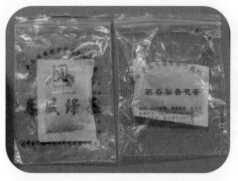

图 6-17　飞机上经济舱茶包

拓展小知识

茶的分类

　　茶叶按照其发酵程度，由浅入深可以分成六类：绿茶、白茶、黄茶、乌龙茶、红茶、黑茶。其中，绿茶为不发酵茶，白茶、黄茶、乌龙茶为半发酵茶，红茶、黑茶为全发酵茶。如图 6-18 所示为茶叶颜色和茶汤颜色。

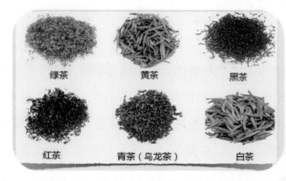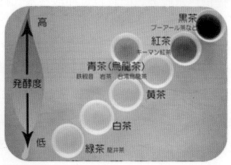

图 6-18　茶叶颜色与茶汤颜色

　　中国人注重养生，品茶也讲究时令。一年四季，春夏秋冬，何时品何茶颇有一番讲究。春季喝花茶，花茶比较甘凉，带有浓郁香气，能促进人体阳气生发，散去冬天积在人体内的寒邪，使人神清气爽解春困；夏季喝绿茶，绿茶是不发酵茶，茶性苦寒，可以清心除烦、消暑解热，又能口内生津，有助消化；秋季喝乌龙茶，秋高气爽，余热未消，人体津液未完全恢复平衡，乌龙茶为半发酵茶，茶性温，不寒不热，能消除人体内的燥热，有生津清燥之效；冬季喝红茶，红茶味甘性温，善蓄阳气，生热暖腹，可以增强人体对寒冷的抗御能力。此外，人们在冬季食欲增强，进食油腻食品增多，饮用红茶可祛油腻、开胃口、助养生。

常见的绿茶包括：西湖龙井、黄山毛峰、太平猴魁、洞庭碧螺春、信阳毛尖、竹叶青、庐山云雾、六安瓜片等。

常见的白茶包括：白毫银针、白牡丹、贡眉、寿眉等。

常见的黄茶包括：君山银针、蒙顶黄芽、霍山黄芽、远安黄茶等。

常见的乌龙茶包括：大红袍、冻顶乌龙、铁观音、东方美人、铁罗汉、黄金桂等。

常见的红茶包括：祁门红茶、滇红茶、正山小种、金骏眉等。

常见的黑茶包括：四川边茶、湖南安化黑茶、广西六堡茶、云南普洱熟茶等。

常见的花茶包括：茉莉花茶、菊花茶、玫瑰花茶、桂花茶等。

（三）咖啡

飞机上的咖啡包括速溶咖啡、滤挂式咖啡、低因咖啡、卡布奇诺和意式浓缩咖啡。经济舱以速溶咖啡为主，头等舱以滤挂式咖啡和意式浓缩咖啡为主。如图 6-19 和图 6-20 所示为咖啡和糖奶包。

图 6-19　两舱咖啡与普通舱咖啡

图 6-20　机上咖啡包与糖奶包

拓展小知识

关于咖啡你知道多少？

coffee 一词源自 kaffa，在希腊语中，kaweh 的意思是"力量与热情"。世界上第一株咖啡树是在非洲东北部的埃塞俄比亚的卡法 (KAFFA) 小镇被发现的，当地土著部落经常把咖啡的果实磨碎，与动物脂肪掺在一起揉捏，做成许多球状的丸子，并将这些咖啡丸子当成珍贵的食物，专供那些即将出征的战士享用。由于不了解咖啡食用者表现出亢奋是因为咖啡的刺激性引起的，当时的人们把这种行为当成是咖啡食用者所表现出来的宗教狂热。

【咖啡品种】

咖啡的生产地带一般介于北纬25°到南纬30°，涵盖了中非、东非、中东、印度、南亚、太平洋地区、拉丁美洲、加勒比海地区的多数国家。高海拔、热带气候、肥沃的土壤，才能生长出颗粒饱满、气味浓郁的优质咖啡豆。咖啡之所以主要集中在这些地区，是因为咖啡极易受到霜冻的伤害，只有热带地区的温度和湿度才适合咖啡的生长。从地理概念上而言，全球性的咖啡种植区有三个：东非和阿拉伯半岛、东南亚和环太平洋地区、拉丁美洲。

咖啡在植物学中属于双子叶植物纲、龙胆目、茜草科、咖啡属。在咖啡属下有差不多66种木本植物，但是标准意义上属于"咖啡"的只有三种：阿拉比卡 (Arabica)、罗布斯塔 (Robusta) 和利比瑞卡 (Liberica)。目前根据 ICO(国际咖啡组织) 的统计，在世界市场流通的咖啡中，咖啡种类只有阿拉比卡和罗布斯塔，约65%为阿拉比卡，35%为罗布斯塔种。而罗布斯塔又基本仅用来做速溶咖啡，越南也有用罗布斯塔制作精品咖啡的。阿拉比卡咖啡多产于巴西等南美洲热带地区，豆形较小，咖啡因含量较低，价格较高；罗布斯塔产于非洲中西部及东部的马达加斯加岛，还有亚洲的印度尼西亚，豆形较大，咖啡因含量是阿拉比卡的 2 倍左右，价格较低。如图 6-21 所示为阿拉比卡和罗布斯塔咖啡豆。

图 6-21　阿拉比卡与罗布斯塔咖啡豆

【咖啡成分与作用】

- 咖啡因 (caffeine)：有特别强烈的苦味，刺激中枢神经系统、心脏和呼吸系统。适量的咖啡因亦可减轻肌肉疲劳，促进消化液分泌。由于它会促进肾脏机能，有利尿作用，能帮助体内多余的钠离子排出体外。但摄取过多会导致咖啡因中毒。

- 丹宁酸 (tannin)：丹宁酸煮沸后会分解成焦梧酸，所以咖啡冲泡过久冷却后味道会变差。

- 脂肪 (fat)：其中最主要的是酸性脂肪和挥发性脂肪。酸性脂肪即脂肪中含有酸，其强弱会因咖啡种类不同而异；挥发性脂肪是咖啡香气的主要来源，它是一种会散发出约四十种芳香的物质。

- 蛋白质 (protein)：它是卡路里的主要来源，所占比例并不高。咖啡末的蛋白质在煮咖啡时多半不会溶出来，所以被摄取的量有限。

- 糖 (sugar)：咖啡生豆所含的糖分约 8%，经过烘焙后大部分糖分会转化成焦糖，使咖啡形成褐色，并与丹宁酸互相结合产生甜味。

- 纤维 (fiber)：生豆的纤维烘焙后会碳化，与焦糖互相结合便形成咖啡的色调。

- 矿物质 (mineral)：含有少量石灰、铁质、磷、碳酸钠等。

【咖啡烘焙程度】

- 极浅烘焙 (LIGHT Roast)：这是所有烘焙阶段中最浅的烘焙度，咖啡豆的表面呈淡淡的肉桂色，其口味和香味均不足，此状态几乎不能饮用。一般用在检验上，很少用来品尝。

- 浅烘焙 (CINNAMON Roast)：又名肉桂烘焙，一般的烘焙度，外观上呈现肉桂色，臭青味已除，香味尚可，酸度强，为美式咖啡常采用的一种烘焙程度。

- 浅中烘焙 (MEDIUM Roast)：中度的烘焙火候，和浅烘焙同属美式的，除了酸味外，苦味出现，口感不错。香度、酸度、醇度适中，常用于混合咖啡的烘焙。

- 中烘焙 (HIGH Roast)：又名浓度烘焙，属于中度微深烘焙，较微中烘焙度稍强，表面已出现少许浓茶色，苦味变强了。咖啡味道酸中带苦，香气及风味皆佳，最常为日本、中欧人士所喜爱。

- 中深烘焙 (CITY Roast)：又名城市烘焙，最标准的烘焙度，苦味和酸味达到平衡，常被使用在法式咖啡。

- 深烘焙 (FULL CITY Roast)：又名深层次烘焙，较中深烘焙度稍强，颜色变得相当深，苦味较酸味强，属于中南美式的烘焙法，极适用于调制各种冰咖啡。

- 重烘焙 (French Roast)：又名法式烘焙或欧式烘焙，属于深度烘焙，色呈浓茶色带黑，酸味已感觉不出，在欧洲尤其法国最为流行，因脂肪已渗透至表面，带有独特香味,很适合牛奶咖啡 / 拿铁,维也纳咖啡。

● 极度烘焙 (Italian Roast):又名意式烘焙。烘焙度在碳化之前,有焦煳味,主要流行于拉丁国家,适合快速咖啡及卡布基诺,多数使用在 Espresso 系列咖啡上。如图 6-22 所示为咖啡豆烘焙程度示意。

图 6-22　咖啡豆烘焙程度

【常见咖啡风味】

常见咖啡风味如图 6-23 所示。

图 6-23　咖啡的风味

四、机上酒类介绍

(一)啤酒

飞机上的啤酒均为听装,方便旅客饮用。常见品牌包括青岛、燕京、雪花、百威、喜力、麒麟等。经济舱会配备两种国产品牌，两舱会配备至少2～3种国产品牌以及2～3种进口品牌，如图6-24所示。

图6-24　飞机上配备的啤酒种类样式

拓展小知识

啤酒的分类

【麦芽汁浓度】

● 低浓度型：麦芽汁浓度在6°～8°（巴林糖度计），酒精度为2%左右，夏季可做清凉饮料，缺点是稳定性差，保存时间较短。

● 中浓度型：麦芽汁浓度在10°～12°，以12°为普遍，酒精含量在3.5%左右，是我国啤酒生产的主要品种。

● 高浓度型：麦芽汁浓度在14°～20°，酒精含量为4%～5%。这种啤酒生产周期长，含固形物较多，稳定性好，适于贮存和远途运输。

【啤酒色泽】

● 黄啤酒（淡色啤酒）：呈淡黄色，采用短麦芽做原料，酒花香气突出，口味清爽，是我国啤酒生产的大宗产品。

● 黑啤酒（浓色啤酒）：呈深红褐色或黑褐色，是用高温烘烤的麦芽酿造的，含固形物较多，麦芽汁浓度大，发酵度较低，味醇厚，麦芽香气明显。

【除菌方式】

● 熟啤：在瓶装或罐装后经过巴氏消毒，是比较稳定的啤酒。

● 生啤：不经巴氏灭菌或瞬时高温灭菌，而采用过滤等物理方法除菌，是达到一定生物稳定性的啤酒。

（二）葡萄酒

国内航线的头等舱以及国际航线的全客舱，供餐阶段会为旅客配备葡萄酒佐餐，包括红葡萄酒、白葡萄酒和香槟。航空公司从全球优质葡萄酒产区中精选多款美酒，用以满足

头等舱、公务舱和经济舱旅客的不同需求。通常，经济舱会选配国产品牌，两舱会选配进口品牌，香槟常用作两舱的迎宾饮品。

【案例 6-2】厦门航空荣获"最佳航空酒单"奖

2020 年 10 月 26 日，"2020 中国年度酒单大奖暨第十二届中国侍酒师大赛"颁奖盛典在上海举行，这是中国酒单大奖与中国侍酒师大赛首次同场举办，被称为中国餐饮和侍酒师的"奥斯卡"典礼。中国酒单大赛 (China's Wine List of the Year) 是由亚洲侍酒师学会和侍酒师画报主办的国际权威酒水服务类奖项，在国际酒店、米其林餐厅、国际航企等服务行业中极具影响力，新加坡航空和法国航空也曾获该奖项。经过激烈角逐，厦门航空从国内外多家航企中脱颖而出，成功摘得"中国酒单大奖最佳航空酒单奖"和"中国酒单大奖二杯奖"两项殊荣，成为获得该荣誉的首家中国航企。这是对厦门航空机上葡萄酒单专业度的高度认可。如图 6-25 和图 6-26 所示为厦航获奖证书和"天际酒廊"。

图 6-25　厦航获奖证书

图 6-26　厦航"天际酒廊"

资料来源：民航资源网

拓展小知识

葡萄酒的分类

【酿造方式】

● 天然葡萄酒：红葡萄酒、白葡萄酒。

● 特种葡萄酒：利口葡萄酒、加香葡萄酒、冰葡萄酒。

【饮用方式】

● 开胃葡萄酒。

● 佐餐葡萄酒。

● 餐后葡萄酒。

【颜色区分】

● 红葡萄酒。

● 白葡萄酒。

● 玫红葡萄酒。

【甜度区分】

● 干型葡萄酒：含糖量 <4g/L。

● 半干型葡萄酒：含糖量 4～12g/L。

● 半甜型葡萄酒：含糖量 12～40g/L。

● 甜型葡萄酒：含糖量 >40g/L。

【是否有气泡区分】

● 静态葡萄酒。

● 起泡葡萄酒。

（三）洋酒

国际航线的头等舱和公务舱会配备多种洋酒，包括威士忌、白兰地、龙舌兰、伏特加、金酒、朗姆酒、百利甜酒、薄荷酒，等等，如图 6-27 所示，供两舱旅客餐前或者餐后饮用。

图 6-27 头等舱洋酒样式

拓展小知识

代表白兰地质量的字母及含义如下。

字　母	含　义	字　母	含　义
E	Especial	X	Extra
F	Fine	VO	Very Old
V	Very	VSO	Very Superior Old
O	Old	VSOP	Very Superior Old Pale
P	Pale	XO	Extra Old
S	Superior		

（四）鸡尾酒

鸡尾酒是一种混合饮品，由两种或者两种以上的酒或者饮料、果汁、汽水混合而成。国际航线的两舱餐饮服务中提供鸡尾酒服务，乘务员亲自调配多款常见鸡尾酒和航空公司自创鸡尾酒。通常，鸡尾酒作为迎宾饮品或者餐后饮品。如图 6-28 所示为乘务员在调制鸡尾酒。

图 6-28　乘务员在调制鸡尾酒

飞机上经常调制的鸡尾酒包括螺丝起子、血腥玛丽、金菲士、莫吉托、自由古巴、金汤力、天使之吻等，此外还包括航空公司自创的一些含酒精或者不含酒精的鸡尾酒。如图 6-29 和图 6-30 所示为国航专属鸡尾酒和机上常见鸡尾酒。

图 6-29　国航专属鸡尾酒

螺丝起子 Screwdriver　　血腥玛丽 Bloody Mary　　自由古巴 Cuba Libre

莫吉托 Mojito　　天使之吻 Angel Kiss　　金汤力 Gin Tonic

图 6-30　机上常见鸡尾酒

关于鸡尾酒的那些事儿

【鸡尾酒起源】

关于鸡尾酒的起源有许多传说。比较有趣的一种传说认为，那是从前斗鸡时代向斗后剩下鸡尾毛最多的雄鸡举杯祝饮的一种酒；另外有一种传说，说它是依照一种酒杯的名字而命名，这种酒杯是法国人移民到新奥尔良的早期时代所用的，酒杯里所盛的就是这种酒；还有人说，这酒名字起源于英国，是曾一度用以保持雄鸡战斗状态的一种烈酒。其实，鸡尾酒起源于 1776 年纽约州埃姆斯福一家用鸡尾羽毛作装饰的酒馆。一天，当这家酒馆各种酒都快卖完的时候，一些军官走进来要买酒喝。一位叫贝特西·弗拉纳根的女侍者，便把所有剩酒统统倒在一个大容器里，并随手从一只大公鸡身上拔了一根毛把酒搅匀后端出来奉客。军官们看了看这酒的成色，品不出是什么酒的味道，就问贝特西，贝特西随口就答："这是鸡尾酒哇！"一位军官听了这个词，高兴地举杯祝酒，还喊了一声："鸡尾万岁！"从此便有了"鸡尾酒"之名。

【鸡尾酒分类】

● 按照饮用时间长短，分为短饮 (short drinks) 和长饮 (long drinks)。
● 按照酒精含量，分为硬性饮料 (hard/alcohol drinks) 和软性饮料 (soft/non-alcohol drinks)。
● 按照温度，分为冷饮 (cold drinks) 和热饮 (hot drinks)。

【鸡尾酒调制工具】

鸡尾酒调制工具如图 6-31 所示。

①量杯
②捣棒
③过滤器
④冰夹
⑤调酒壶
⑥吧勺
⑦酒嘴
⑧榨汁器

图 6-31　鸡尾酒调制工具

【鸡尾酒调制方法】

鸡尾酒调制方法如图 6-32 所示。

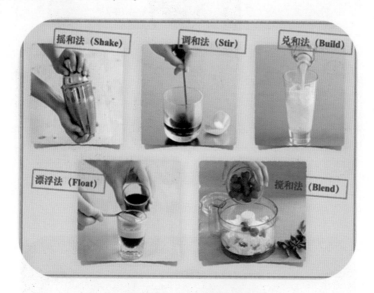

图 6-32　鸡尾酒调制方法

【案例 6-3】达美航空升级经济舱服务

美国达美航空公司从 2019 年 11 月 11 日开始，正式升级所有国际航线的经济舱客舱服务水准，推出全新国际航线经济舱服务，使旅客身在经济舱，却能享受公务舱服务，如图 6-33 所示。

经济舱旅客可以享用迎宾贝利尼鸡尾酒（如图 6-34 所示）、餐前餐后热毛巾、餐后甜点、丰富的零食篮、下机时的"感谢巧克力"等更多细致且贴心的客舱服务，使旅客获得舒心愉悦的飞行体验。

正餐时段，旅客可以根据当日菜单自由选择开胃菜和主菜，所有菜品经过精心设计和升级，更美味丰盛。同时，为了给旅客带来更舒适的用餐体验，以往的标准餐盘已换成了更精致的定制餐具，其原材料中 30% 为生物可降解材料。升级后的餐具已不再采用塑料外包装，代之以全新的斜纹布垫，直接放置于小桌板，如图 6-35 所示。

此次全新升级的服务由达美航空一支 20 余人的空乘团队担纲设计。他们运用丰富的服务经验并结合乘客的反馈，精心设计、严格测试、反复调整，最后正式推出了这套全新升级的国际航线经济舱服务。在全面推行前，该服务已在 1200 多个达美航班上进行测试，这也是达美航空历史上测试时间最长的一系列服务。

图 6-33　乘务员在提供迎宾鸡尾酒

图 6-34　经济舱迎宾鸡尾酒——意大利经典贝利尼

图 6-35　丰盛的餐食和定制的餐具

资料来源：搜狐网

第三节 机上供餐程序

一、经济舱供餐流程

1. 国际航线正餐

餐前酒水配果仁和餐巾纸→整理餐桌(收杯子)→冷盘和热食→面包→餐中酒水→回收餐盘→餐后热饮。

2. 国内航线正餐

餐前酒水→冷盘和热食→餐中酒水→回收餐盘→餐后热饮。

3. 早餐

餐前酒水→冷盘和热食→餐中酒水→回收餐盘。

4. 快餐

餐前酒水和快餐→餐中酒水→整理餐桌。

5. 点心餐

餐前酒水和点心餐→整理餐桌。

6. 果仁

果仁和矿泉水→整理餐桌。

二、两舱供餐流程

(一)国际远程航线头等舱

1. 中式正餐

热毛巾→餐前酒水→开胃小吃→整理餐桌→铺桌布→摆餐具→冷荤→面包→餐中酒水→汤→主菜→餐中酒水→整理餐桌→摆放餐后甜品刀叉→甜品→水果→热毛巾→整理餐桌→餐后热饮。

2. 西式正餐

热毛巾→餐前酒水→开胃小吃→整理餐桌→铺桌布→摆餐具→冷荤→面包→餐中酒水→汤→沙拉→面包→主菜→餐中酒水→面包→整理餐桌→摆放餐后甜品刀叉→甜品→水果→餐中酒水→热毛巾→整理餐桌→餐后热饮或者餐后酒。

3. 中式早餐

热毛巾→餐前饮料→整理餐桌→铺桌布→摆餐具→小菜→主菜→餐中饮料→整理餐桌→摆放餐后水果刀叉→水果→热毛巾→整理餐桌→餐后热饮。

4. 西式早餐

热毛巾→餐前饮料→整理餐桌→铺桌布→摆餐具→水果→面包→麦片→餐中饮料→整理餐桌→主菜→热毛巾→整理餐桌→餐后热饮。

5. 轻正餐（简餐）

热毛巾→餐前酒水→整理餐桌→铺桌布→摆餐具→冷荤→面包→餐中酒水→主菜→餐中酒水→整理餐桌→摆放餐后水果刀叉→水果→热毛巾→整理餐桌→餐后热饮。

6. 点心餐

热毛巾→餐前酒水→整理餐桌→铺桌布→摆餐具→点心餐→餐中酒水→甜品→水果→热毛巾→整理餐桌→餐后热饮。

注意事项：

(1) 餐具包必须拆开摆放，中餐与西餐的餐具不同，注意区分。

(2) 提供主菜时，主动询问是否需要咸菜、醋、辣椒酱。

(3) 如果需要往麦片中添加牛奶，需要在旅客面前添加。

（二）国际远程航线公务舱

1. 中式正餐

热毛巾→餐前酒水→开胃小吃→整理餐桌→铺桌布→摆放餐盘（冷荤随盘送出）→面包→餐中酒水→汤→主菜→餐中酒水→整理餐桌→摆放餐后甜品刀叉→甜品→水果→热毛巾→整理餐桌→餐后热饮。

2. 西式正餐

同"国际远程航线头等舱"供餐程序，但无须摆餐具。

3. 中式早餐

热毛巾→餐前饮料→整理餐桌→铺桌布→摆放餐盘（主菜随盘送出）→餐中饮料→整理餐桌→摆放餐后水果刀叉→水果→热毛巾→整理餐桌→餐后热饮。

4. 西式早餐

同"国际远程航线头等舱"供餐程序，但无须摆餐具。

5. 轻正餐（简餐）

同"国际远程航线头等舱"供餐程序，但无须摆餐具。

6. 点心餐

热毛巾→餐前酒水→整理餐桌→铺桌布→摆放餐盘（点心随盘送出）→餐中酒水→热毛巾→整理餐桌→餐后热饮。

注意事项：

(1) 餐具包无须打开，放在餐盘中即可。

(2) 提供主菜时，主动询问是否需要咸菜、醋、辣椒酱。

(3) 如果需要往麦片中添加牛奶，需要当旅客面添加。

（三）国际中近程航线及国内航线两舱（飞行时间 2 ～ 6 小时）

1. 中式正餐

铺桌布→热毛巾→餐前酒水→整理餐桌→摆放套装餐盘→餐中酒水→整理餐桌→热毛巾→整理餐桌→餐后热饮。

注意事项：

若配汤，套装餐盘内摆放内容为冷荤＋汤，收回汤碗后，提供主菜配米饭；若无汤，套装餐盘内摆放内容为冷荤＋主菜配米饭。

2. 西式正餐

铺桌布→热毛巾→餐前酒水→整理餐桌→摆放套装餐盘→面包→主菜→餐中酒水→整理餐桌→热毛巾→整理餐桌→餐后热饮。

注意事项：

套装餐盘内摆放内容为冷荤＋沙拉，收回沙拉碗后，提供主菜。

3. 中式早餐

铺桌布→热毛巾→餐前饮料→摆放套装餐盘→餐中饮料→整理餐桌→热毛巾→整理餐桌→餐后热饮。

4. 西式早餐

铺桌布→热毛巾→餐前饮料→摆放套装餐盘→麦片添加牛奶→面包→餐中饮料→整理餐桌→热毛巾→整理餐桌→餐后热饮。

5. 轻正餐（简餐）

铺桌布→热毛巾→餐前酒水→摆放套装餐盘→面包→餐中酒水→整理餐桌→热毛巾→

整理餐桌→餐后热饮。

6. 点心餐

铺桌布→热毛巾→餐前酒水→摆放套装餐盘→餐中酒水→热毛巾→整理餐桌→餐后热饮。

（四）国内航线两舱（飞行时间 1 ~ 2 小时）

1. 中式早餐

铺桌布→热毛巾→摆放套装餐盘→餐中饮料→整理餐桌。

2. 西式早餐

铺桌布→热毛巾→摆放套装餐盘→餐中饮料→麦片添加牛奶→面包→整理餐桌。

3. 轻正餐（简餐）

铺桌布→热毛巾→摆放套装餐盘→餐中酒水→面包→整理餐桌。

4. 点心餐

铺桌布→热毛巾→摆放套装餐盘→餐中酒水→整理餐桌。

（五）国内航线两舱（飞行时间 1 小时以内）

果仁与迎宾饮品一起，在地面迎客阶段送出。

三．注意事项

(1) 两舱服务中，仅为用餐旅客提供铺桌布服务；

(2) 两舱服务中，为用西餐的旅客主动提供矿泉水，摆在餐桌右上角；

(3) 两舱服务中，热毛巾温度要适宜，不能过烫，且毛巾湿后以挤压不出水为宜；

(4) 两舱服务中，随时保持餐桌整洁；

(5) 两舱的中式餐具摆放包括：布盘、黄油碟、筷架、筷子、单副刀叉勺；

(6) 两舱的西式餐具摆放包括：服务垫盘、面包盘、黄油碟、盐、胡椒、双副刀叉、单勺；

(7) 经济舱服务中，热食不能将冷盘中的刀叉包及湿纸巾压住。

第四节　餐饮服务提供规范与标准

一、餐食烘烤要求

（一）烘烤原则

乘务员使用飞机上烤箱烘烤餐食时，需要遵守的原则是：航前试温、现吃现烤、分类烘烤、分段烘烤、供前试温。

此外，热食必须烘烤加热后提供。加热时禁止将餐食直接摆在一起，每层之间使用箅子分开。热食冷却后，禁止再次加热并向旅客提供。

（二）烘烤前检查

乘务员登机后，要测试烤箱是否可以正常使用。通常设置 3 分钟测试时间，选择低温或者 150℃ 挡位，感受烤箱内是否有热度。同时，还要检查烤箱内是否有异物、是否存放了非餐食物品。

（三）烘烤标准

餐食烘烤标准如表 6-1 所示。

表 6-1　餐食烘烤标准

餐食种类	烘烤温度	烘烤时间（分钟）
面包、蔬菜	中温 150 ~ 175℃	7 ~ 10
肉类、海鲜、米饭	中温 175 ~ 200℃	15 ~ 20
牛扒	高温 200 ~ 250℃	15 ~ 20
早餐、点心	中温 150 ~ 200℃	10 ~ 15

（四）烘烤方式

(1) 开盖烘烤：需要直接高温加热的食物，如表面涂有奶酪或者香料的牛排或者大块肉类。

(2) 盖盖烘烤：带有汤汁的食物，需要保证食物的水分和柔软度，如面条。

(3) 盖插孔烘烤：盖插孔指的是用叉子在铝箔盖上插孔，食物需要一定的温度和湿度，又要保持原有的色泽和质地，如烤西红柿。

(4) 先盖后开烘烤：需要高温达到脆口效果、表面金黄或油炸食品，如烤饼、天妇罗。

（五）烘烤要点

(1) 给旅客提供的热食不能过度加热，需保持菜品的美观度；

(2) 烘烤餐食时，避免过度开启烤箱；

(3) 大部分食物需要中高温加热；

(4) 烤箱内上部属于非常热度层，中部属于理想热度层，下部属于标准热度层，温度自上而下逐渐降低；

(5) 餐食的体积与密度和餐食的冷冻情况都决定着需要加热的时长；

(6) 使用瓷质餐具比使用铝箔餐具需要更长的加热时间。

二、饮品准备要求

(1) 啤酒需要冷藏，可以将啤酒放入冰箱中或者把存放有啤酒的水车置于有冷风机的位置；

(2) 红葡萄酒常温保存，开餐前 1 小时打开醒酒；

(3) 白葡萄和香槟酒需要冰镇，提前放入冰盒中；

(4) 确保饮品热饮要热，冷饮要冷。

三、餐食提供规范

(1) 特殊餐食优先送出；

(2) 若有超级经济舱，则超级经济舱餐食服务优先于经济舱餐食服务；

(3) 送餐时主动使用标准语言介绍；

(4) 冷餐盘和热食一同送出；

(5) 送餐时，随时踩刹车；

(6) 传递餐食时，贴着小桌板，且航徽正面朝向旅客。

四、果汁提供规范

(1) 果汁开启前，轻轻均匀摇晃果汁盒，防止有沉淀；

(2) 提供时，主动询问旅客是否加冰，且倒至杯子七成处；

(3) 果汁开启后不宜存放时间过长，防止变质；

(4) 为小旅客提供果汁，倒至杯子 1/2 处，并语言提醒家长；

(5) 番茄汁因含盐量较高，口感偏咸，提供时提前告知旅客；

(6) 橙汁受众广泛，用量较大。

五、带气饮料提供规范

(1) 不要过早打开带气饮料，避免影响口感；

(2) 开启前，借助小毛巾，防止液体冒出；

(3) 严禁打开刚刚碰撞或掉落过的带气饮料，防止液体喷洒在旅客身上；

(4) 倾斜 45° 倒入杯中，避免液体外溢；

(5) 提供时，主动询问旅客是否加冰，且倒至杯子七成处；

(6) 不对小旅客主动提供可乐。

六、热饮提供规范

（一）热水提供规范

(1) 提供热水时，要加入矿泉水，确保温度适口，避免烫伤；

(2) 提供时，确保旅客拿好接稳；

(3) 使用旅客自带杯子加热水时，一定做好语言提示。

（二）茶水提供规范

(1) 机上普通舱配备的茶包是航空公司依据茶壶的大小而特制的；

(2) 茶壶内放入一包茶叶，注入开水至七成，泡 3 ~ 4 分钟后取出茶包；

(3) 冲泡次数不宜过多，一包茶叶以泡 2 ~ 3 次为宜；

(4) 随时关注茶水的温度与浓度；

(5) 茶壶放入餐车内，提供时从车内取出，如图 6-36 所示。

图 6-36 经济舱沏茶方法

（三）咖啡提供规范

(1) 机上普通舱配备的咖啡是航空公司依据咖啡壶的大小而特制的；

(2) 壶内放入一包咖啡粉，注入开水至七成，一包一壶，不加任何配料；

(3) 咖啡壶放入餐车内，提供时从车内取出；

(4) 向旅客提供咖啡时，主动提供糖包和奶包，并附搅拌棍；

(5) 咖啡壶内的咖啡为黑咖啡。

七、酒类提供规范

（一）啤酒提供规范

(1) 啤酒可以全程提供；

(2) 倒酒时，将杯子倾斜45°，使酒液沿着杯壁注入杯中，直至啤酒花与杯口齐平；

(3) 将酒杯与余下的听装啤酒一同递给旅客。

（二）葡萄酒提供规范

(1) 开餐前1小时打开红酒瓶盖醒酒。

(2) 提供时，主动向旅客展示酒标，如图6-37所示。

图6-38　乘务员向旅客展示酒标

(3) 斟酒时，倒至半杯，以便酒液与氧气充分融合。

(4) 葡萄酒饮酒顺序：先喝白葡萄酒，再喝红葡萄酒；先喝起泡葡萄酒，再喝静态葡萄酒；先喝干型葡萄酒，再喝甜型葡萄酒；先喝年轻葡萄酒，再喝陈年葡萄酒。

(5) 葡萄酒与食物搭配原则：红葡萄酒配红肉，白葡萄酒配白肉，简单的酒配复杂的菜，复杂的酒配简单的菜。

八、餐饮服务标准

（一）国际航线头等舱

(1) 提供迎宾香槟、饮料与果仁；

(2) 提供多种知名品牌葡萄酒、洋酒和鸡尾酒；

(3) 提供多种冷热饮品；

(4) 提供餐谱与酒单；

(5) 提供份摆^① 精致餐食；

(6) 提供三种热食选择；

(7) 提供水果、蛋糕、奶酪及多种零食；

(8) 提供瓷具、玻璃器皿、不锈钢刀叉；

(9) 提供棉质餐巾和毛巾。

（二）国际航线公务舱

(1) 提供迎宾香槟、饮料与果仁；

(2) 提供多种葡萄酒、洋酒和鸡尾酒；

(3) 提供多种冷热饮品；

(4) 提供餐谱与酒单；

(5) 提供套摆^② 精致餐食；

(6) 提供两种热食选择；

(7) 提供水果、蛋糕、奶酪及多种零食；

(8) 提供瓷具、玻璃器皿、不锈钢刀叉；

(9) 提供棉质餐巾和毛巾。

（三）国内航线两舱

(1) 提供迎宾饮料；

(2) 提供葡萄酒与啤酒；

(3) 提供多种冷热饮品；

(4) 提供餐谱；

(5) 提供套摆精致餐食；

(6) 提供两种热食选择；

(7) 提供水果和甜品；

(8) 提供瓷具、玻璃器皿、不锈钢刀叉；

(9) 提供棉质餐巾和毛巾。

---

① 刀叉与餐盘单独摆放在小桌板上。

② 刀叉与餐盘成套摆放在托盘中。

（四）国际航线经济舱

(1) 提供葡萄酒与啤酒；

(2) 提供多种冷热饮品；

(3) 提供三种热食选择；

(4) 提供特殊餐食服务。

（五）国内航线经济舱

(1) 提供多种冷热饮品与啤酒；

(2) 提供两种热食选择；

(3) 提供特殊餐食服务。

思考题

1. 飞机上的餐食有多少种类？

2. 快餐是为什么航班的旅客准备的餐食？

3. 国际航线头等舱的点心餐包含哪些内容？

4. 国内航线经济舱正餐包含哪些内容？

5. 飞机上会配备哪些酒精饮料？

6. 机上葡萄酒通常在什么时候提供？

7. 简述国际航线经济舱正餐供餐程序。

8. 简述国内航线经济舱早餐供餐程序。

9. 烘烤餐食的基本原则是什么？

10. 述餐食烘烤有几种方式？分别是什么？

11. 简述带气饮料提供规范。

12. 简述茶水提供规范。

13. 简述咖啡提供规范。

14. 简述啤酒提供规范。

第七章

机上广播服务

机上广播服务水平的高低是航空公司客舱服务水平好坏的评断之一，也是乘务员与旅客的重要交流渠道，直接影响着旅客乘机感受和航空公司品牌形象。通过本章内容的学习，大家应熟练掌握机上广播所需的基本能力，并且能够流畅地完成广播朗读练习。

INFLIGHT
ANNOUNCEMENT
MANUAL
FOR FLIGHT ATTENDANTS

第一节   机上广播概述

机上广播服务是指乘务员借助客舱内话机的 PA 功能，与旅客进行的一种既规范又灵活的沟通，贯穿于整个飞行过程。广播涉及航班介绍、服务内容告知、安全提醒、紧急情况通报等需要旅客知晓的内容。

一、机上广播服务的重要性

优秀的广播服务不仅可以帮助乘务员更好地完成客舱工作，还能与旅客建立良好的关系，拉近距离、消除误解、增进相互了解。旅客在航班中想要了解的信息，如飞行时长、飞机机型、延误原因、目的地情况等均可通过广播服务获知。此外，遇有紧急情况时，通过广播服务可以使旅客更好地配合乘务员，如寻找医生、备降返航、紧急迫降等。

广播质量的优劣会还会直接影响旅客的乘机感受以及对航空公司的信赖感，出色的广播服务可以提升旅客对航空公司的品牌认知度，增强航空公司的品牌影响力。

二、机上广播服务的现状

目前，各航空公司的机上广播服务已经非常规范化和专业化，广播技能越来越高，广播用语既准确专业又通俗易懂。在播报音调上女乘务员甜美轻柔，男乘务员洪亮醇厚。在航班中的各个节点都会有广播服务，比如，地面阶段机长会向旅客问好，为旅客简单介绍航班情况；飞行途中遇有颠簸时，乘务组会及时广播提醒旅客系好安全带；餐饮服务开始前，会用广播做简单介绍，等等。但与此同时，机上广播也有一些不足之处，一些乘务员的中文发音有地方口音、英文发音不准确、广播语速过快或者过慢、广播语调生硬、缺乏亲和力、广播态度不够端正等，让人不仅听不懂，而且十分难受。

三、机上广播类型

根据广播的内容，可以将机上广播分为不同的类型，通常分为常规性广播、特殊性广播、紧急情况广播和重要航班广播。

(1) 常规性广播是指在航班正常情况下的客舱广播，包括登机广播、欢迎词广播、安全演示广播、安全检查广播、餐饮服务广播、机上销售广播、起飞落地广播、航线介绍广播、颠簸提示广播等。

(2) 特殊性广播是指航班遇有特殊情况下的客舱广播，包括飞机延误广播、飞机故障广播、飞机空中盘旋广播、机上寻找医生广播、客舱清舱广播等。

(3) 紧急情况广播是指飞机遇有紧急情况下的客舱广播，包括机上火灾广播、客舱释压广播、紧急撤离广播等。

(4) 重要航班广播是指执行专机、包机任务时的客舱广播。

四、广播员的职责

机上广播员通常由带班乘务长担任，或者由乘务长指定一位乘务员担任。无论由谁负责机上广播服务，在做好广播服务的同时，也要完成自己本职号位的岗位工作。

广播员的具体职责如下。

(1) 登机后，广播员需要测试内话机的 PA 功能是否良好，并且能够正确使用。

(2) 广播员严格按照客舱广播词手册的内容广播，体现规范化和专业化，避免错、忘、漏。

(3) 航班遇有特殊情况时，在不违反规定的前提下，可根据实际情况灵活掌握广播内容。

(4) 广播时应确保音量适宜、声音柔和、语调柔美、语速适中、柔中带刚、坚定自信。

(5) 广播时距离话筒 2 ～ 3 厘米，监听广播效果，并根据音质效果做适当调整，杜绝音量时大时小，防止杂音外扩。

(6) 广播员使用中英文双语进行广播，根据航线情况增加小语种或者方言广播。

(7) 当大多数旅客休息、早航、夜航飞行时，视情况减少广播服务，或者分舱广播。

(8) 广播员必须接受航空公司专项培训，考核通过后才有资格担任广播员。

如图 7-1 所示为乘务员在接受广播词提升培训。

图 7-1　东航培训中心广播词提升培训

第二节　广　播　技　巧

机上广播是一门声音美学，塑造播音之美，既代表着航空公司的品牌形象，也展现了乘务员的语言能力。掌握机上广播的播音技巧，能提高客舱广播的质量，有利于信息的传达。

一、良好的心理素质

广播员播音质量的好坏，直接影响着旅客的心理状态。悦耳亲和的广播使旅客感觉舒适，急迫焦躁的广播使旅客感到紧张。广播员作为信息的传递者，必须具备良好的心理素质，在任何情况下，都要镇定自若、从容不迫，用坚定自信的声音表达信息的可信度。因为在航班中，无法预知会发生什么事情，即使遇有突发状况，广播员也要用语言的亲和性稳定旅客的情绪，避免引起旅客的恐慌感，有效控制不良状况发生。

二、把握对象感

广播员广播是在舱门区域的乘务员座席处进行的，通常避开旅客，这会导致没有交流感，像在念稿。实际上，每一次客舱广播响起，旅客都会认真倾听。所以广播员要学会换位思考，想象旅客就在面前，体会旅客听到广播后的反应。

三、规范中英文发音

语言的规范性发音是广播员基本的素质，同时也是衡量广播员是否向旅客准确有效地传达信息的重要因素。标准的普通话、清晰的吐字、准确的英文发音等都是旅客正确接收信息的前提。广播员平时要勤加练习，注意纠正不良发音，做到字正腔圆、铿锵有力。

四、使用正确语气

广播词可以分为服务类型和安全类型。服务类型主要指欢迎词、航线介绍、开餐广播、下降广播等与客舱服务相关的广播；安全类型主要指颠簸广播、释压广播等与客舱安全相关的广播。广播员在播音时要及时调整自己的情绪，使用正确的情感和态度。服务型广播语气要温和自然，口腔放松，气息深长，以亲切灵动为基调；安全型广播语气要坚定有力，口腔敞开，气息畅达，以专业沉稳为基调。

五、合理控制语速

语速有快慢之分，服务型广播语速通常较慢，安全型广播语速要稍快。无论快慢，广播员都要将内容清楚、准确、客观、有效地传递给旅客，既不能太慢使旅客产生厌烦，也不能太快造成旅客恐慌。

六、重音的运用

广播的内容有主有次，有轻有重，广播员要根据广播的目的去强调某些字或者词语。重音的运用能够很好地表达中心内容，让旅客抓到重点，比如广播目的地温度时，对数字做重音处理。

七、声音与情感的结合

广播员播音时需要带入丰富的情感，如欢迎词热情欢快、致意广播真诚亲切、夜航广播低声轻柔、颠簸广播坚定有力等。广播员作为信息的传播者，将声音与情感结合，能为旅客带来美的享受。此外，良好的坐姿能使广播员气息饱满、情感充沛，事半功倍。

第三节 广 播 词

本节内容节选自航空公司客舱广播词手册，请认真完成广播词朗读练习。

一、常规广播词节选

（一）登机广播

女士们、先生们：

××航空欢迎您！当您进入客舱后，请留意行李架边缘的座位号，对号入座。客舱行李架及座椅下方均可以安放手提行李，请注意保持过道通畅。谢谢您的配合！

Ladies and Gentlemen:

Welcome aboard ××. Your seat number is indicated on the edge of the overhead bin. Please put your carry-on luggage in the overhead bin or under the seat in front of you. For the convenience of others, please keep the aisle clear. Thank you for your cooperation!

（二）欢迎词

亲爱的旅客朋友们：

欢迎您乘坐××航空 CA___（和 ____ 航空 HU____ 代码共享）的航班，并感谢会员的再次光临，我们将一同飞往美丽的 ____。接下来的 ____ 小时 ____ 分钟，我和我的组员将竭诚为您服务，陪伴您度过一段愉快而舒适的旅程。谢谢！

Ladies and gentlemen:

Welcome aboard ××. Our flight CA___ is from ___to__ (and code share with flight HU___). Flight time is about __hour(s) and ___minutes. We wish you a pleasant journey. Thank you!

（三）安全检查

女士们、先生们：

现在，客舱乘务员将进行起飞前的安全检查工作。请您将手机等电子设备关机或调至飞行模式，同时，请您全程不要使用或开启充电宝等各类锂电池移动电源。锂电池掉入座椅缝隙后，请不要移动或调节座椅靠背，防止因锂电池挤压等意外情形导致不安全的事件发生。请收起桌板，调直椅背，放下扶手，打开遮光板，将安全带系在衣物外部。在此提示您，在客舱及洗手间内禁止吸烟及使用电子烟等同类产品，同时请勿触碰或损坏洗手间烟雾探测器。安全检查后，我们将调暗客舱灯光，阅读灯在您头顶上方。谢谢！

Ladies and gentlemen：

We are checking the cabin safety. Please ensure that mobile phones and other electronic devices are powered off or set in flight mode. Power banks and other portable charging devices cannot be used during the whole flight to avoid lithium battery extrusions. Please fasten your seatbelt, ensure your tables and seat backs are in upright position, put down your armrest, and open the window shades. Smoking is not permitted during the whole flight. We will dim the cabin lights after safety check. There is a reading light above your head. Thank you!

（四）平飞广播

亲爱的旅客朋友们：

欢迎您选乘××航空的班机，我们已到达云端（白天）/ 置身于浩瀚的星空（夜晚）。请您保持手机的飞行模式，手提电脑等电子设备现在可以使用，但请关闭无线移动上网功能。洗手间已经开放。需要提醒您的是，请您全程系好安全带，以避免突发颠簸给您带来伤害。旅途中有任何需要，请与我们联系。谢谢！

Ladies and gentlemen：

Welcome you on board. Please keep your mobile phone in flight mode. Your laptop and other electronic devices can be used now, but please turn off the wifi access. The lavatory is available now.

As turbulence is unexpected, please keep your seatbelt fastened while seated. We hope you have a pleasant journey. Thank you！

（五）开餐广播

女士们、先生们：

飞机将在（时间）___ 抵达（目的地）___，现在我们将为您提供早餐（午餐／晚餐）和多种饮品。今天为您准备的餐食种类有 ___ 和 ___，欢迎您根据自己的喜好选用。您可以将座椅靠背调节到合适的位置，以方便您和其他旅客用餐。下面乘务员将开始为您发放餐食，感谢您的耐心等待，希望您用餐愉快。

Ladies and gentlemen：

We will be landing at___ Airport at about___. Now we will serve you breakfast(lunch/dinner/snack) and drinks. Hope you enjoy the meal!

（六）下降广播

各位旅客：

我们的旅程即将结束，洗手间将在 10 分钟后停止使用。接下来我们将进行客舱整理工作，感谢您的配合！同时请您尽快返回座位，将安全带系在衣物外，收起桌板，调直椅背，放下扶手，打开遮阳板，手机仍需保持飞行模式，您的笔记本电脑请放置于座椅下方或行李架内，稍后我们将进行客舱的安全检查工作。谢谢！

Ladies and gentlemen:

We are descending now. The lavatory will be closed in 10 mins. Please return the litter. Please return to your seat, fasten your seatbelt, ensure your tables and seat backs are in upright position, put down your armrest, and open the window shades. Please make sure the mobile phones are remaining in flight mode, and place your laptop in the baggage carrier or under the seat in front of you.

Thank you!

（七）着陆后广播

亲爱的旅客朋友们：

欢迎您来到美丽的 __（城市），我们将在机场 __ 候机楼进港。机舱外的温度 __ 摄氏度，__ 华氏度。飞机还在滑行中，请您继续留在座位上，保持安全带系好，手机处于关机或者飞行模式，直到飞机完全停稳，客舱灯光调亮。我们特别提醒您：离开飞机时，小心开启行李箱，以免物品滑落，留意座椅两侧和前方口袋是否有遗留物品。美好的旅程总是短

暂的，感谢有您一路相伴，我们期待与您下次再会，祝您在 __ 度过美好的（一天／夜晚）。

Ladies and Gentlemen:

We have just landed at__airport Terminal__. The temperature is__ degrees Centigrade, that is__ degrees Fahrenheit. You are required to remain seated with your seatbelt fastened until the seatbelt sign is switched off. Please also keep your mobile phones switched off or in flight mode until the aircraft comes to complete stop. We kindly remind you to take all your belongings with you when you disembark. We'd like to thank you for joining us on this trip and we are looking forward to seeing you again in the near future. Have a nice (day/evening) in __.

（八）颠簸广播

女士们、先生们：

由于受气流影响，我们的飞机遇有颠簸，请您立即回到座位上并系好安全带。在此期间，洗手间暂停使用。谢谢！

Ladies and Gentlemen:

Because of sudden turbulence, please return to your seats and fasten your seat-belt securely. Lavatories should not be used at this time. Thank you.

二、安全演示广播词

女士们，先生们：

现在由乘务员向您介绍氧气面罩、安全带、救生衣的使用方法和紧急出口的位置。

Ladies and gentlemen:

We will now explain the use of the oxygen mask, seatbelt, life vest and the location of emergency exits.

氧气面罩储藏在您的座椅上方，发生紧急情况时面罩会自动脱落，氧气面罩脱落后请用力向下拉面罩。请您将面罩罩在口鼻处，把带子套在头上进行正常呼吸。如果您是和儿童相邻而坐，先戴好自己的再帮儿童戴上面罩。

The oxygen mask is in the compartment above your head and will appear automatically if necessary. Simply pull the mask over your nose and mouth and slip the elastic band over your head. If you are traveling with a child, secure your own mask before assisting the child.

使用座椅上安全带时，请将连接片插入锁扣内，当飞机滑行、起飞、着陆和飞行中遇到颠簸以及"系好安全带"指示灯亮时，请您保持安全带扣好系紧。解开时，先将锁扣打开，拉出连接片。

Please ensure your seat belt is securely fastened during taxiing, take-off, landing, when encountering air turbulence or whenever the "fasten seat belt" signs are ON. We further recommend that you fasten your seat belt whenever you are seated.

救生衣在您座椅下方。使用时取出，经头部穿好。将带子从后向前扣好系紧。用力拉动红色手柄便可自动充气。若充气不足，请将救生衣上部的两充气管拉出用嘴向里充气。但在客舱内不要充气，撤离至出口时再充气。

Your life vest is located under your seat. To put on the vest, slip it over your head. Then fasten the buckles and pull the straps tight around your waist. Inflate the vest by pulling the inflation tabs strongly. To further inflate your vest, blow into the tubes located on either side of your vest. Do not inflate the life vest inside the aircraft. Only inflate it just before leaving the aircraft.

本架飞机除有通常出口外，在客舱中部的左右侧还有紧急出口，分别标有紧急出口的明显标志。

There are emergency exits on each side of the aircraft. All exits are clearly marked.

在客舱通道上及紧急出口处还有紧急照明指示标志，在紧急脱离时请按指示路线撤离。

In the event of an evacuation, the emergency floor-lights will illuminate a darkened cabin leading you to these exits.

在您的前方座椅口袋里备有安全须知卡，请尽早阅读。

The safety instruction card is in the seat pocket in front of you, please read it carefully as soon as possible.

请注意：为保证您和他人的人身安全，一旦发生紧急情况，所有旅客必须严格听从机组人员指挥，在应急撤离过程中禁止携带任何行李。

For your safety, please follow instructions from the crew members in case of emergency and don't carry any luggage with you during evacuation.

三、特殊广播词节选

（一）航班延误广播

女士们、先生们：

这里是乘务长广播。我们已经做好客舱的一切准备工作，但是我们还需要在原地等待

空中交通管制中心给予我们推出起飞的命令，请各位旅客在座位上休息等候。谢谢！

Ladies and Gentlemen:

This is purser speaking. We are still waiting for the departure clearance from the air traffic control. Please remain seated and wait for a moment. Thank you!

（二）备降、返航广播

女士们、先生们：

我们刚刚收到通知，由于 __（原因），我们不能继续前往 __，现决定（返航 / 备降 / 加降）__ 机场。预计在 __（小时 / 分钟）后到达。进一步的消息，我们会随时通知您。感谢您的谅解！

Ladies and Gentlemen:

We have been informed that due to__, we are going to (return /proceed) to an alternate airport in__. We are expected to arrive in__ (hours/ minutes). We will keep you informed on the situation. Thank you for your understanding!

（三）机械故障广播

女士们、先生们：

接到机长通知，由于飞机机械原因，我们将（推迟起飞 / 等待 __ 分钟再起飞）。给您带来不便，我们深表歉意。现在机务维修人员正在积极排除故障。如果有进一步的消息，我们会及时通知您。感谢您的谅解！

Ladies and Gentlemen:

We have been informed there will be a delay (for___ minutes) due to mechanical trouble. We apologize for any inconvenience. Our maintenance personnel are troubleshooting the situation and we will keep you informed of any updates。 Thank you for your understanding!

（四）供水系统故障广播

女士们、先生们：

本架飞机由于供水系统出现故障，无法为您提供热饮，由此给您带来的不便，我们深表歉意。

Ladies and Gentlemen:

Due to the failure in our water supply system, we are unable to offer hot drinks on today's flight. We apologize for this inconvenience. Thank you for your understanding.

（五）寻找医生广播

女士们、先生们：

现在飞机上有一位乘客需要紧急医疗救护。如果您是医务人员并且乐意为我们提供帮助，请您与乘务员联系。谢谢！

Ladies and Gentlemen:

We have a passenger who requires urgent medical attention. If you are a medical professional, please contact us immediately. Thank you.

四、紧急情况广播词节选

（一）起火广播

女士们、先生们：

现在客舱内有一处失火，请大家不要惊慌，我们正在组织灭火，请您坐好，并听从乘务员指挥。

Ladies and Gentlemen:

A minor fire has broken out inside the cabin. We ask you to please remain calm as we extinguish the fire.

（二）释压广播

女士们、先生们：

现在飞机客舱释压，正在紧急下降，请保持镇定，系好安全带，氧气面罩已经自动脱落，请您用力拉下氧气面罩，罩在口鼻处，进行正常呼吸。谢谢！

Ladies and Gentlemen:

Attention: Please sit down immediately. Pull an oxygen mask firmly toward you. Place the mask over your nose and mouth and breathe normally. Secure your mask before assisting others. Please remain seated with your seat belt fastened until further instructed. Thank you!

（三）客舱烟雾广播

女士们、先生们：

请注意！手帕捂住口鼻。请保持安静，听从乘务员指挥。

Ladies and Gentlemen：

Stay down! Cover your nose and mouth! Keep calm, follow the instructions.

五、重要航班广播词节选

（一）专机欢迎词

尊敬的（首相 / 部长 / 总统 / 总理 / 国王 / 女王阁下 / 大使先生）及代表团贵宾们：

早上好 / 下午好 / 晚上好！

（外宾所在国小语种问候语）！

欢迎您乘坐 ×× 航空专机，前往 _____。本次航班的机长 _____ 和全体机组人员，很荣幸能有机会为您服务。（致意）

由 ____ 到 ____ 的飞行距离是 ____ 公里，预计空中飞行时间是 ___ 小时 ___ 分钟。

各位贵宾，飞机很快就要起飞了，请确认您的安全带已经系好。祝您旅途愉快！

Your Excellency(Prime Minister/ Minister/ President/ Premier /King / Queen / Ambassador ____ /Distinguished Guests:

Good morning/ afternoon/ evening!

Welcome aboard chartered flight of ×× Airlines, to____. The Captain Mr./Ms.___ and all crew members are honored to be at your service. The distance between _____ and _____ is ____ kilometers. The estimated flight time is _____hour(s) _____ minutes. Distinguished Guests, our aircraft will be taking off shortly, please make sure you fasten your seat belt. Wish you a pleasant journey.

（二）专机落地

尊敬的（首相 / 部长 / 总统 / 总理 / 国王 / 女王阁下 / 大使先生）及代表团贵宾们：

欢迎来到 ____！现在是 ___ 点 ___ 分，外面的温度是 ____ 摄氏度，_____ 华氏度。

各位贵宾，我们全体机组成员向您致以最诚挚的祝福。感谢您乘坐 ×× 航空班机。祝您 _____ 访问 / 考察圆满成功。谢谢！

Your Excellency （Prime Minister/ Minister/ President/ Premier /King/ Queen/ Ambassador __ / Distinguished Guests:

Welcome to__! It is __ local time. The temperature outside is __degrees Centigrade, that is __degrees Fahrenheit. On behalf of all the crew members, please allow me to give you my best wishes. Thank you for taking this flight with ×× Airlines. We trust that your ____visit / investigation will be a complete success. Thank you!

思考题

   1. 机上广播可以分为哪些类型?

   2. 简述广播员的职责。

   3. 如何做好机上广播服务?

   4. 简述机上广播服务的意义。

第八章
特殊旅客服务

全球各航空公司对搭载特殊旅客与特殊旅客服务都有一定的标准和原则，所有标准均以保证人机安全为基础。民航事业不断发展，客舱服务服务水平不断提高，特殊旅客服务也得到了足够的重视，民航人给予特殊旅客更多的照顾、关心和礼遇。本章详细介绍了各类特殊旅客的承运条件和客舱服务要求，使大家充分掌握做好特殊旅客服务工作的基本知识和技能，为特殊旅客提供恰当周到的客舱服务。

第一节　特殊旅客概述

一、特殊旅客定义

特殊旅客是指在民用航空运输对象中，不同于一般旅客的群体，需要给予特别礼遇和关照，或出于旅客的健康及其他特别状况需要给予特殊照顾、特别关照的旅客；或者在一定条件下才能运输的旅客。

二、特殊旅客种类

特殊旅客有很多种，包括重要旅客、孕妇、婴儿、无成人陪伴儿童、视听障碍和行动障碍旅客、病患旅客、携带小动物出行旅客、其他需要特殊关照的旅客等。如图 8-1 所示为特殊旅客服务。

图 8-1　特殊旅客服务

三、特殊旅客服务项目

航空公司为了方便特殊旅客出行，建立了全方位服务体系，从机场服务到客舱服务，让旅客感受到贴心与关爱。

常见的特殊旅客服务项目如下。

(1) 免费轮椅使用服务；

(2) 免费手推车运送行李服务；

(3) 团队旅客保障服务；

(4) 陪伴服务；

(5) 候机楼免费寄存服务；

(6) 候机楼免费电瓶车服务；

(7) 优先登机；

(8) 客舱专属服务。

四、特殊旅客服务要点

特殊旅客的心理状态和言行举止不同于普通旅客，儿童活泼好动、老人反应迟缓、孕妇紧张谨慎、盲人文静敏感等。不同的特殊旅客，情感表达方式不同，乘务员需要加以区分，才能更好地提供服务。服务时需要做到以下方面。

(1) 更多的耐心；

(2) 更好的态度；

(3) 更快的动作；

(4) 更美的语言；

(5) 更优的办法。

第二节　重　要　旅　客

重要旅客是指旅客的身份、地位、职务重要或者社会知名度高，乘机时需要给予特别礼遇和关照的旅客。通常，这些旅客的满意度对航空公司的社会声誉起到关键作用，也会产生有影响的社会效应。故而，乘务员需要提供更高质量、更高标准的客舱服务。

一、重要旅客范围

(1) 省、部级 (含副职) 以上的负责人；

(2) 军队在职正军职少将以上的负责人；

(3) 公使、大使级外交使节；

(4) 由各部、委以上单位或我驻外使、领馆提出要求按重要旅客接待的客人；

(5) 航空公司认为需要给予要客礼遇的人。

二、重要旅客分类

通常，要客旅客分为 VVIP、VIP、CIP 三种。

(一)VVIP：最重要旅客 (Very Very Important Person)

(1) 我国党和国家领导人；

(2) 外国国家元首和政府首脑；

(3) 外国国家议会议长和副议长；

(4) 联合国秘书长。

(二)VIP：一般重要旅客 (Very Important Person)

(1) 政府部长，省、自治区、直辖市人大常委会主任、省长，自治区人民政府主席、直辖市市长和相当于这一级的党、政、军负责人；

(2) 外国政府部长；

(3) 我国和外国政府副部长及相当于这一级的党、政、军负责人；

(4) 我国和外国大使；

(5) 国际组织 (包括联合国、国际民航组织) 负责人；

(6) 我国和外国全国性重要群众团体负责人；

(7) 两院院士。

(三)CIP：工商界重要旅客 (Commercially Important Person)

(1) 工商业、经济和金融界等重要、有影响的人士；

(2) 重要的旅游业领导人；

(3) 国际空运企业组织、重要的空运企业负责人和我公司邀请的外国空运企业负责人。

三、客舱服务要求

重要旅客由于经常乘机出行，所以熟悉客舱服务内容，对乘务员的服务要求高，且希望得到足够的尊重。乘务员在为重要旅客提供服务时，态度谦虚诚恳、表情亲切自然、行为规范专业、口齿清晰流利。

在客舱服务中还要提供姓氏服务以示尊重；增加客舱巡视频次，及时满足重要旅客的需求；优先登机优先下机，提供贵宾车接送服务。

【案例 8-1】《中国民航报》多方面解析民航要客服务

当普通旅客还在值机柜台前排长队等候时，机场工作人员已经拿着打印好的登机牌，递到刚来的要客面前，并把他一路送进了贵宾室，普通旅客会有何感想？在普通旅客排队登机后，看到要客已经在头等舱享用饮品时，普通旅客会不会有些失落？下机后，当普通旅客随着人流走上略显拥挤的摆渡车时，要客在地服人员的迎接中，上了一辆空荡荡的贵宾车呼啸而去，普通旅客是否能够理解？其实，大多数旅客对民航的要客服务都能够理解。

为不同的人提供差异化服务其实是市场经济发展的产物，很多行业也都对客户进行了区别对待，但仍有少数旅客对民航的要客服务提出质疑。民航的要客服务是否应该坚持？做好要客服务需要坚持哪些原则？国外的要客服务是否可供我们借鉴？且看各界人士观点。

【短评：民航需要要客服务】

有网友在微博上提出航空公司的要客服务损害了广大普通旅客的利益，建议取消要客服务。这种观点有些极端。航空公司向旅客提供要客服务，是由市场决定的。要客服务损害普通旅客利益这个结论，不知是从何而来的？并不能因为一次可能尚未确定的损害普通旅客利益的事件，就把要客服务全部否决掉了。

航空公司是企业，企业的首要目的必然是盈利。一个无法实现盈利的企业，即使大谈社会责任感，也会是空谈。企业无法实现盈利，就不能回馈社会。航空公司的要客，大多数都是人们常常听说的金银卡旅客。这部分旅客为航空公司的盈利做出了最重要的贡献。据统计，航空公司的常旅客占到旅客总数的15%，而对公司的贡献率却超过50%。要客是常旅客之中对航空公司贡献最大的人群。这些要客由于经常乘坐飞机，对各大航空公司非常熟悉，他们出行前首先会选择自己偏好的航空公司，因而能持续不断地为公司获得收益做出贡献。加大对要客的关注力度、提高要客服务水平，能够直接增强航空公司的盈利能力。同时，一个航班的成本是固定的，要客经常购买头等舱、商务舱这样的高等级舱位机票，反过来有利于航空公司降低经济舱的票价，普通旅客也能从中受益。

普通旅客也需要要客服务。航班对于越来越多的人来说，不仅是从一地到另一地的交通工具，他们的需求变得越来越多样化和个性化。比如一直购买经济舱机票的普通旅客，可能偶尔因为带老人或者孩子出行，需要更加舒适的座椅和更宽敞的机舱空间等。此时普通旅客也可以购买头等舱或者商务舱机票，享受一次要客服务。在这种情况下，要客服务之于普通旅客，就为他们提供了多种选择。

民航同房地产、银行、餐饮等行业一样，需要要客服务。航空公司从收益角度来看，需要要客服务；高端旅客想享受更高的服务品质，需要要客服务；即使是普通旅客，也能从要客服务中受惠。要客服务的存在很有必要。

【视点：要客服务，有"礼"也要讲"理"】

"VIP"这个单词缩写对于国人来说早就不陌生了。如今，各种服务行业几乎都有专属 VIP 服务，而民航的要客服务大概算是推出比较早的：1993 年，民航局下发《关于重要旅客乘坐民航班机运输服务工作的规定》，其中规定的"重要旅客"包括省、部级以上负责人等。这些重要客人，可以享受民航提供的优先购票、优先办理乘机手续以及更优质的空中与地面保障等特殊服务。

对于要客的礼遇工作，民航长期以来都做得比较出色，也经常获得各类口头或书面表扬。需要注意的是，要客服务在重视"礼"的同时也要重视"理"，掌握好要客服务的度。

要客服务的"理"，需要具体问题具体分析。根据民航业的"二八定律"，那些飞行次数多、经常坐头等舱的少数旅客，为航空公司贡献了绝大部分的业绩和利润。对于这样的旅客，航空公司当然要区别对待，包括为他们提供豪华休息室和更好的餐食等。此外，一些政要往往承担着重要的政务活动任务。对于他们，航空公司根据具体情况开辟绿色通道，在有重要紧急任务时让他们优先成行，也是合情合理的。在某些情况下，确实应该"让领导先飞"。这些服务，普通旅客当然是不能享受的。但是通过留住更多这样的 VIP 要客，航空公司才能在头等舱、公务舱中赚更多的钱，经济舱票价的折扣力度才可能更大。对于航空公司、要客和普通旅客这三方来讲，这是一种多赢的盈利模式，很合"理"。

而从另一个角度来说，要客们能够享受到的 VIP 服务并不能是没有底线的。这个底线，就在于不能违反相关法规和规章，不能损害其他旅客的利益。比如，在涉及民航的安全规章制度时，航空公司对于要客与普通旅客就应当一视同仁，决不能搞特殊化。要客在飞机上一样要遵守在起飞降落阶段关闭手机等移动电子设备的规定，一样不能滥用职权干扰机组的正常飞行，否则将影响飞行安全，甚至损害全体旅客的利益。此外，在没有特殊情况、紧急任务时，要客乘坐的航班也应当按照民航的正常秩序飞行，不能不分情况地一味搞特殊化。这些都是民航要客服务应当始终坚持的"理"。

从某种角度来说，民航的要客服务守"礼"易，守"理"不易。因为守"理"不仅需要民航单位自身的坚持，还需要要客对民航工作给予大力支持与配合。特别是在党的群众路线教育实践活动开展以后，在反"四风"活动如火如荼开展的当下，破除乘飞机的特权思想，正是反对官僚主义、享乐主义和奢靡之风的具体体现。既有"礼"又讲"理"，民航的要客服务才能越做越好。

【观察：要客服务不是中国特产】

大多数民航工作人员私下里仍习惯把要客称为"VIP"。VIP 原本就是英文"非常重要的人"的简称。由此可见，民航的要客服务并不是中国的特产，而是一个舶来品。

时至今日，走出国门的中国人越来越多，搭乘外国航空公司航班的中国旅客也越来越多。不少搭乘过外航经济舱的中国旅客认为，外航经济舱服务不及国内航空公司，特别是

在外航执飞的国内航段的航班上，大多数都只提供矿泉水，没有免费餐食。但往往一提起民航服务，我们还是不得不夸赞外航，就是因为外航将服务重点放在了要客身上。外航提供的要客服务项目远比国内航空公司为要客提供的服务项目更多。

例如，阿提哈德航空在"钻石头等舱"推出了五星级餐厅式服务，并为"钻石头等舱"的要客配备了专门的厨师，要客餐食使用食材也与经济舱旅客不同，均采用源自阿布扎比有机农场的新鲜有机农产品、鸡蛋和蜂蜜，厨师会依照要客的个人口味和偏好来制作菜肴。搭乘卡塔尔航空从多哈起飞的头等舱要客，可以进入一个单独的候机楼，候机楼内有大理石地面和瀑布式喷泉，有专门的服务员为要客拎包、检票并带领他们进入候机大厅。新加坡航空则和奢侈品品牌纪梵希合作，头等舱要客的机上用品、所有餐具都是由纪梵希设计的骨质瓷器和玻璃器皿，某些特定的远程航线上的要客还能得到一套时尚的纪梵希睡衣和一双绒面皮革拖鞋。

与普通旅客相比，航空公司更注重为要客节省时间，这也是国内外航空公司的惯例。全日空航空位于东京羽田机场的要客室就可以通往飞机的舱门。与普通旅客相比，要客可以预留更少的时间赶到机场，进入要客休息室后，持航空公司提前打印出的登机牌，可直接从要客室走进机舱。由此可见，民航的要客服务并不是中国特产，而中国民航的要客服务也还未走到世界民航前列。

【杂谈：摘下有色眼镜看要客服务】

理性的普通旅客能接受不损害公众利益的差异化服务。因为他们知道，要客对航空公司而言，要么有更大的直接贡献值，要么有更大的潜在价值。毕竟航空公司也是追求利益最大化的众多企业之一，他们需要用高于服务普通旅客的成本投入来争取更多含金量更高、忠诚度更高的高端旅客，而这些旅客就是要客。

为要客提供差异化服务，并不是国内航空公司的独门秘籍。近些年来，包括英国航空、德国汉莎航空和卡塔尔航空在内的高端航空公司都在充分利用他们的独特会员计划、休息室和特殊优待来奖励他们的优质客户。国内外航空公司在此服务理念上有着一致看法，诠释了民航业内的"二八法则"：20%的高端旅客为航空公司带来了80%的利润。

如何界定要客，虽然不同的航空公司有不同的规定，但无外乎在乘坐航班的里程数、班次、头等舱次数等门槛数字方面上下浮动，或是从他的社会影响力上进行评估。从这个角度来看，为要客提供差异化服务是有充足的商业道理的，因为这些旅客是航空公司最有贡献的客源。获取更多的优质客源，更重要的是让他们对航空公司更加忠诚，以便航空公司获取更大的利益。在这种双赢营销理念的驱动下，航空公司在提高要客服务水平上自然不遗余力。

虽然要客服务是各航空公司在市场上博弈的合理存在，但航空公司也要在服务的底线和尺度上更加理性地进行思考。差异化服务不能以牺牲公众利益来满足要客的服务需求，这是不能触碰的底线。对合理的服务差异，大众能接受，但跨越了底线，哪怕是一点点微小的迹象，也极有可能引起轩然大波。同时，还要考虑普通旅客和要客对于差异化服务的接受度。其实，有的要客并不愿意获得这种差异化服务，而有些普通旅客却又非常在意这种差异。因此，在服务时就要更加灵活，让这种差异化服务巧妙地融于"润物细无声"中。

航空公司对要客的服务不一定要在航班上体现，还可以"走下云端"。比如许多航空公司开展高端旅客答谢活动，邀请要客到总部，听取他们对服务的评价，让他们感受到尊重，同时还能与之加强情感联络。更重要的是，这种服务直接连接的是航空公司和要客，无须担忧他人戴着有色眼镜来看待。

要客服务是献媚"钱权"或合理存在，取决于用什么样的心态来看待。摘下有色眼镜，方能更真实客观地探寻答案。

资料来源：中国民航报 2014-4-17

第三节　儿童旅客

在航班中，儿童旅客可分为两种：无成人陪伴儿童和有成人陪伴儿童。

一、无成人陪伴儿童

（一）无成人陪伴儿童定义

无成人陪伴儿童，也被乘务员称作"无人陪"或者"UM"，英文是 Unaccompanied Minor，是指年龄满 5 周岁但不满 12 周岁，且没有成人带领、单独乘机的儿童。

（二）承运条件

(1) 凡在 5 ～ 12 周岁年龄段内单独乘机的儿童，必须向航空公司申请 UM 服务；

(2) 年龄在 5 周岁以下的儿童单独乘机，航空公司不予承运，必须有成年人陪同；

(3) 航空公司对航班中无成人陪伴儿童数目有一定限制；

(4) 航空公司只提供直达航班的无成人陪伴儿童服务；

(5) 无成人陪伴儿童应由儿童的父母或监护人陪送到乘机地点并在儿童下机地点安排人予以迎接和照料，并提供接送人姓名、地址和联系方式。

（三）服务流程

(1) 航班起飞前 24 ～ 48 小时提出服务申请，并填写《无成人陪伴儿童乘机申请书》，内容包括：儿童姓名、年龄、始发地、目的地、航班号、日期、送站人和接站人姓名、电话、地址等项目，如图 8-2 所示。

中国南方航空
CHINA SOUTHERN

中国南方航空
CHINA SOUTHERN

中国南方航空
CHINA SOUTHERN
无成人陪伴儿童乘机申请书
UNACCOMPANIED MINOR
REQUESTED FOR CARRIAGE - HANDLING ADVICE

至：中国南方航空公司_____售票处　　日期

TO_____　　DATE_____

儿童姓名 NAME OF MINOR_____　　性别 SEX_____

出生年月 DATE OF BIRTH_____　　年龄 AGE_____

航程 ROUTING

自 FROM	至 TO	航班号 FLT NO	等级 CLASS	日期 DATE

航 站 STATION	接送人姓名 NAME OF PERSON ACCOMPANYING	地址、电话 ADDRESS AND TEL NO
始发站 ON DEPARTURE		
中途分程站 STOPOVER RPOINT		
中途分程站 STOPOVER POINT		
到达站 ON ARRIVAL		

儿童父母或监护人姓名、地址、电话：
PARENT/GUARLIAN—NAME, ADDRESS AND TEL NO _____

声明

中国南方航空公司_____售票处_____日期：

1. 我证实申请书中所述儿童在始发站，航班衔接站和到达站出由我所列明的人负责接送。接送人将保证抵达机场后，直至航班起飞以后，以及按照班期时刻表列的航班到达时间以前抵达到达机场内。

2. 如果由于正面列接送人未按规定进行接送，造成该儿童无人接时，为保证儿童的安全运输包括返回始发站，我授权承运人，可以采取必要的行动，并且同意支付承运人在采取这些行动所支付的必要的合理的费用。

3. 我保证该儿童已具备有关国家政府法令要求的全部旅行证件（如：护照、签证、健康证明书等）。

4. 我作为正面所列儿童的父母或监护人，同意和要求该儿童按无人陪伴儿童的规定，进行运输，并证明所提供的情况，正确无误。

申请人签字_____

DECLARATION

To:_____office, CHINA SOUTHERN AIRLINES　　DATE:

1. I declare that I have for the minor mentioned on the reverse side of this sheet to be accompanied to the airport on departure and to be met at stopover point (s) and upon arrival by the persons named. These persons will remain at the scheduled time of the arrival of the flight.

2. Should the minor not be met as the stated on the reverse side of this sheet, I authorize the carrier(s) to take whatever action they consider necessary to ensure the minor's safe to indemnify and reimburse the carrier (s) for the necessary and reasonable costs and expenses incurred by taking such action.

3. I certify that the minor is in possession of all travel documents (eg. passport, visa, health certificate, etc.) required by applicable laws.

4. I, the undersigned father/mother or guardian of the minor mentioned on the reverse side of this sheet agree to request the unaccompanied carriage of the minor named on the reverse side of this sheet and certify that the information provided is accurate.

Signature_____

图 8-2　南航《无成人陪伴儿童乘机申请书》

(2) 航班起飞前 2 小时到达机场办理乘机手续。

(3) 地服工作人员协助办理值机、海关、安检以及行李托运等乘机手续，提供文件挂袋，帮助儿童保管所有的旅行证件以及登机牌等物品，如图 8-3 所示。

图 8-3　无成人陪伴儿童与地服工作人员

(4) 专属工作人员陪伴儿童候机，并保管相关文件凭证。

(5) 优先登机，地服工作人员与乘务员交接。

(6) 航程中，专属乘务员全程细心照顾，陪伴儿童度过一段愉快的空中旅程；

(7) 到达目的地后，乘务员与地服工作人员交接；

(8) 地服工作人员确认接领人信息无误后，安全及时地与接领人办理儿童交接手续。

（四）客舱服务要求

(1) 乘务员航前与地服工作人员交接时，仔细核对儿童文件袋内容和行李数目，了解儿童生活习惯和特殊要求等；

(2) 乘务长为儿童指定专属乘务员全程照顾；

(3) 严禁儿童碰触机上应急设备；

(4) 如有预订特餐，提供儿童餐；

(5) 乘务员不能提供过热、过凉、过满的食物给儿童，必要时帮助儿童分餐；

(6) 尽量不提供热饮；

(7) 航程中关注儿童冷暖情况，随时增减衣物；

(8) 提供适合的机上玩具；

(9) 起飞、下降、颠簸阶段，禁止儿童四处走动；

(10) 国际航线，帮助儿童填写入境卡、海关申报单等资料；

(11) 详细做好《无成人陪伴儿童空中生活记录》，包括儿童用餐内容、休息情况、娱乐情况等，方便儿童家长查阅，如图 8-4 所示；

图 8-4　无成人陪伴儿童空中生活记录 / 乘务员与无成人陪伴儿童

(12) 飞机落地后，由乘务员带领下机；

(13) 做好与地服工作人员的交接事宜，保存签字单据。

二、有成人陪伴儿童

（一）儿童旅客定义

儿童旅客是指旅行开始之日已年满 2 周岁但未满 12 周岁的旅客。

（二）有成人陪伴儿童定义

有成人陪伴儿童是指由同舱的已年满 18 周岁且有民事行为能力的成年人陪伴同行的旅客。

（三）承运条件

(1) 儿童有成年人陪伴同行，且必须购买相同服务等级舱位的客票；

(2) 儿童与成年人一起乘机时，若服务等级舱位不同，视为无成人陪伴儿童；

(3) 每位成年旅客最多携带 2 名未满 12 周岁的儿童同舱位乘机；

(4) 儿童必须有单独座位，不能由成人怀抱；

(5) 儿童不能被安排坐在应急出口处的座位。

（四）客舱服务要求

(1) 如有预订特餐，提供儿童餐；

(2) 严禁儿童触碰机上应急设备；

(3) 提供适合的机上玩具；

(4) 尽量避免儿童在客舱内奔跑玩耍，与儿童家长做好沟通；

(5) 饮品只倒 1/2 杯，并且交到儿童家长手中；

(6) 起飞和下降阶段，协助家长帮儿童系好安全带。

【案例 8-2】海南航空以真情服务儿童旅客

随着暑运旺季的到来，儿童旅客比例大幅增加，海航集团旗下海南航空在做好常态防疫基础上，始终秉承海航"店小二"服务精神，用真情服务旅客。

2020 年 8 月 23 日，海南航空 HU7785 航班由长沙飞往哈尔滨，乘务长航前准备时查询到当段航班有 8 名普通儿童旅客，即根据儿童旅客的出行特点提前对乘务员进行部署安排。儿童旅客登机后，乘务组向小旅客及家长们介绍了飞机机型、航路天气、目的地气温，认真讲解乘机注意事项，主动提供毛毯、饮料食品，适宜调节小旅客就座区域的客舱温度，

并和小旅客讲故事互动，缓解小旅客们的紧张情绪。下机时，小旅客们纷纷向乘务组热情挥手道别。

海南航空始终秉承"以客为尊"服务理念，用海航"店小二"服务精神打造卓越的服务品质，关注旅客个性化需求，以真情服务、严守品质、持续创新作为动力源泉，用体贴入微的五星服务温暖每段旅程，如图8-5所示。

图8-5　乘务员为儿童读报纸／提供饮品

资料来源：海航新闻 2020-08-24

第四节　婴 儿 旅 客

一、婴儿旅客定义

婴儿旅客是指出生满14天，但未满2周岁的小宝宝。

二、承运条件

(1) 出生不足14天的婴儿和出生不足90天的早产婴儿，航空公司不予承运；

(2) 婴儿旅客出行需要有年满18周岁且具有完全民事行为能力的成年人旅客陪伴；

(3) 婴儿由成年人怀抱，不单独占用座位；

(4) 婴儿单独占用座位，需要购买儿童票价客票；

(5) 每位成年人旅客可带2名婴儿，或一名患病婴儿乘机；成年人旅客带2名婴儿出行时，1名婴儿可按规定购买婴儿票，另1名婴儿应购买儿童票；

(6) 根据民航局颁布的各机型旅客载运数量安全规定，每类机型、每条航线的婴儿旅客载运数量均有不同的载运标准；

(7) 设置有专用婴儿摇篮安装位置的座位，每排可以安排 2 名 2 周岁以下的婴儿，否则每排只允许安排 1 名 2 周岁以下婴儿。

三、客舱服务要求

(1) 登机时，主动帮助携带婴儿的旅客提拿行李和安放行李；

(2) 主动介绍客舱设备使用方法，尤其是卫生间内婴儿护理台使用方法；

(3) 主动提供婴儿安全带；

(4) 如无特殊需要，乘务员不主动帮助旅客抱婴儿；

(5) 如有预订，提供婴儿餐；

(6) 协助旅客冲泡奶粉；

(7) 航班中，多观察多询问，为旅客提供必要的帮助；

(8) 下机时，帮助旅客提拿行李，必要时与地服工作人员交接。

四、婴儿摇篮与婴儿车

(1) 部分机型免费提供婴儿摇篮服务，婴儿摇篮适用于体重不超过 22 磅或者 11 公斤，且身长不超 75 厘米的婴儿旅客。旅客在购票时或在航班起飞前 24 小时之前提出申请，如图 8-6 所示。

图 8-6　婴儿摇篮服务

(2) 旅客携带的非折叠式婴儿车只能作为托运行李，可以免费托运；折叠式婴儿车尺寸不超过 20 厘米 ×40 厘米 ×55 厘米，且重量不超过 5 千克，则可以带入客舱内；若客舱内指定的存储空间尺寸不够时，也只能作为托运行李免费运输。

第五节 孕妇旅客

一、承运条件

由于在高空飞行中，空气中氧气成分相对减少、气压降低，因此航空公司对孕妇的承运有一定的限制条件。

(1) 怀孕不足 32 周的孕妇，除医生诊断不适宜乘机者外，可以按一般旅客运输。

(2) 怀孕超过 32 周 (含) 但不足 36 周的孕妇乘机，应向航空公司提供《诊断证明书》。该证明书应在孕妇乘机前 72 小时内填开，并经县级 (含) 以上的医院盖章和该院医生签字方能生效，内容包括旅客的姓名、年龄、怀孕时期、预产期、航程及日期、适宜于乘机以及在机上需要提供特殊照料的事项等，如图 8-7 所示。

图 8-7　东方航空《诊断证明书》样式

(3) 怀孕超过 36 周（含）、预产期在 4 周（含）以内、预产期临近但不确定日期、已知为多胎分娩或预计有分娩并发症者、产后不足 7 天者，航空公司不予承运。

二、客舱服务要求

(1) 主动帮助孕妇提拿和安放随身行李物品；

(2) 主动介绍客舱设备使用方法；

(3) 协助孕妇将安全带系在大腿根部位置；

(4) 主动提供毛毯、靠枕等服务用品；

(5) 飞行中多关注孕妇旅客情况，给予更多的照顾；

(6) 建议孕妇在座位上活动双肢、踝关节，做一些简单的伸展，有助于下肢血液循环；

(7) 建议孕妇多补充水分，避免出现脱水或恶心的反应；

(8) 乘务员不要给孕妇提供咖啡、茶和带气饮料；

(9) 下机时，帮助孕妇提拿行李，必要时与地服工作人员交接。

【案例 8-3】怀孕 34 周准妈妈乘机被婉拒

2019 年 7 月 25 日，CZ6550 航班因流量控制原因延误，南充高坪机场候机隔离区工作人员在进行常规巡视时，发现一名正在候机的孕妇旅客，工作人员立即前去询问孕妇的基本情况。据了解，该旅客已怀孕 34 周，但未开具医院诊断证明，随身也无资料证明怀孕周期。根据规定，机场工作人员对旅客进行了劝退。该孕妇一度非常不理解，为什么坐飞机还要开医院证明，认为自己身体好好的，不需要谁来负责。见旅客不配合，工作人员立即向运输服务部当天代班主任进行了报告。主任立即前往孕妇所在区域，对旅客再次宣传航空公司孕妇乘机规定，同时把孕妇乘机时的安全风险对其进行告知，最终取得旅客理解。机场立即为旅客取消值机手续，快速找出托运行李，并为旅客退改签事宜提供相应的协助工作。

资料来源：南充机场搜狐号 2019-07-26

第六节　视听障碍旅客

一、视听障碍旅客范围

(1) 盲人旅客：是指双目有缺陷、失明的旅客，不包括眼睛有疾病的旅客。

(2) 聋哑旅客：是指因双耳听力缺陷不能说话的旅客，不是指有耳病或听力弱的旅客。

(3) 视觉障碍旅客：是指弱视或罹患眼部疾病，无完全行动能力的旅客。

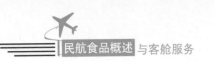

(4) 听觉障碍旅客：感测或理解声音能力完全或部分降低的旅客。

二、承运条件

(1) 有成年人陪伴同行的盲人旅客，按照一般普通旅客运输；

(2) 未满 16 周岁的视听障碍旅客不可单独乘机，必须有成年人陪同；

(3) 需要携带服务犬 (导盲犬 / 导听犬) 进入客舱的视听障碍旅客，应在购票时或者不晚于航班起飞前 48 小时提出申请；

(4) 单独携带服务犬 (导盲犬 / 导听犬) 乘机的视听障碍旅客必须年满 16 周岁；

(5) 符合单独出行条件的盲人旅客和视觉障碍旅客在不同机型上的载运数量均有限制，在购票时需要提出申请；

(6) 每个航班载运的聋哑旅客数量无限制；

(7) 旅客可携带电子耳蜗或其他助听设备在整个航程期间使用，无须预先通知；

(8) 导盲犬需在上机前戴上口套及牵引绳索，并伏在旅客本人的脚边，不得在客舱内占用座位和任意跑动；

(9) 视听障碍旅客不能被安排坐在应急出口处的座位。

三、客舱服务要求

(1) 视听障碍旅客的自尊心都比较强，通常不会主动要求乘务员帮忙，乘务员要特别尊重他们；

(2) 盲人旅客登机时，乘务员可以让旅客扶住自己的手臂，协助旅客找到座位；

(3) 乘务员帮助盲人旅客安放行李时，尽量放在旅客身边；

(4) 协助盲人系好安全带；

(5) 主动介绍客舱设备使用方法；

(6) 遵循时钟原则为盲人旅客介绍餐食；

(7) 同性别的乘务员陪同盲人旅客使用卫生间，介绍卫生间使用方法；

(8) 聋哑旅客独自乘机时，乘务员可以用肢体语言、文字表达等方式与其沟通；

(9) 每次客舱广播结束后，主动向聋哑旅客介绍广播内容；

(10) 服务时要有耐心，切忌表现出急躁情绪。

【案例 8-4】你是我的眼

2020 年 3 月 6 日，由福州飞往常州的 3U8326 航班落地，地服部接到运控通知，有特服旅客，其中一名为湖北籍。按照防疫处置要求，地服部工作人员接到旅客后，需把湖北籍盲人旅客带至机场留观室检查。盲人旅客在工作人员的搀扶下走下飞机，一路上工作人员牵着旅客的手，一边提醒旅客注意安全，一边与旅客聊天缓解紧张心理："您不用害怕，我牵着您往前走"。在到达处帮助旅客登记信息和拿取了行李后，工作人员带旅客至留观室测量体温。因考虑到旅客后续还要自行离开，工作人员便一直在留观室外等待，直至医护人员说可以离开。最后，工作人员又把旅客引导至地下停车场，并交代好司机地址。从旅客下机到顺利离开机场，工作人员一直陪伴旅客，临走之前，盲人旅客握着工作人员的手说："你们就是我的眼，有你们真好。"一句"你们就是我的眼"，仿佛春日里的暖阳，洒满工作人员的心间。如图 8-8 所示为地服人员引领旅客。

图 8-8　地服人员引领旅客

资料来源：中国民航网 2020-03-09

第七节　行动障碍旅客

由于旅客行动障碍的问题，需要申请乘机协助，如轮椅服务、担架服务等。乘务员为行动障碍旅客提供客舱服务时的基本原则是：平等、尊重、真诚。

一、轮椅旅客

（一）轮椅旅客种类

(1) 地面轮椅：WCHR(WCH—wheelchair 轮椅；R—ramp 停机坪)，指的是旅客能自行上下飞机，在客舱内能自己走到座位上。也被称为有自理能力轮椅旅客。

(2) 登机轮椅：WCHS(WCH—wheelchair 轮椅；S—step 台阶)，指的是旅客不能自行上下飞机，但在客舱内能自己走到座位上。也被称为半自理能力轮椅旅客。

(3) 客舱轮椅：WCHC(WCH—wheelchair 轮椅；C—cabin 客舱)，指的是旅客没有独立行动能力，既不能自行上下飞机，也不能在客舱内走到座位上，需要他人协助移入或移出机上座椅、往返卫生间。也被称为无自理能力轮椅旅客。

（二）承运条件

(1) 基于安全考虑，航空公司运输有行动障碍的旅客，人数有一定限制；

(2) 由于客舱内无法安置轮椅，旅客自行携带的轮椅需要办理托运；轮椅托运是免费的，可以在值机柜台办理，也可以在登机口处交运；

(3) 轮椅旅客不能被安排坐在应急出口处的座位；

(4) 同一排座位不能安排两名轮椅旅客；

(5) 申请地面轮椅服务，在航班起飞前 24 小时 (含) 前提出；

(6) 申请登机轮椅服务，在航班起飞前 48 小时 (含) 前提出；

(7) 申请客舱轮椅服务，在航班起飞前 72 小时 (含) 前提出，且需要提供医疗证明，该证明应是由医生或县级 (含) 以上医疗机构出具的真实有效的伤病情况诊断。

（三）客舱服务要求

(1) 乘务员要与地服工作人员做好轮椅旅客的上下机交接工作；

(2) 轮椅旅客优先登机，最后下机；

(3) 主动帮助轮椅旅客提拿并安放行李；

(4) 协助轮椅旅客系好安全带；

(5) 主动介绍客舱设备使用方法；

(6) 主动帮助轮椅旅客安放随身携带的拐杖或协助保管；

(7) 协助旅客进出卫生间；

(8) 由于轮椅旅客行动不便，乘务员在飞行中多留心观察，适时询问旅客的需要。

【案例 8-5】东航西北分公司真情服务轮椅旅客

2020 年 10 月 15 日，东航西北分公司执行的 MU2443 从西宁飞往北京的航班上，在旅客登机即将结束时，地服工作人员着急地跑过来告诉乘务长："头等舱 7C 张女士是位不能自行上下飞机的轮椅旅客。"

由于西宁机场没有升降车，了解到这一信息时，当班安全员和头等舱乘务员立即协助地服工作人员，将轮椅旅客一个台阶一个台阶、一步一步地抬进了客舱。张女士和同行旅客的座位在头等舱第二排，第六排的两位先生看到张女士行动不便，主动与张女士调换了座位。在为张女士调换座位的过程中，头等舱乘务员将靠枕轻轻垫在张女士受伤的腿下，起支撑作用的同时还能缓解张女士的疼痛。

在飞行途中，乘务员时常问询张女士有无需要，及时关注她的情况。随着交流的增多，乘务员了解到张女士一行六人特意到青海游玩，游玩过程中突发意外，张女士左膝盖受伤，无奈提前结束行程返京。乘务长一边安慰张女士，一边叮嘱她注意事项，祝愿她早日康复，等到春暖花开之日再来体验大美青海。

飞机下降安全检查时，乘务长和张女士同行人员沟通，告知轮椅旅客需最后下飞机，由于这期间乘务员工作内容比较烦琐，可能照顾不过来张女士，同行人员可以站在过道以防其他旅客下机时不小心碰到张女士。乘务长的温馨提醒得到了头等舱旅客的啧啧称赞："东航现在的服务真的是越来越好了！"

当张女士坐上客舱门外早已恭候许久的地面轮椅时，她再三地感谢道："真是太感谢你们了，多亏一路上你们照顾我。"同行人员也表示："非常感谢你们对我们的照顾，下次我们出来游玩还要坐东航的飞机，希望我们还可以在航班上遇见，我肯定会认出你们的！"如图 8-9 所示为乘务员协助旅客下机。

图 8-9 乘务员在飞机落地后协助轮椅旅客下机

资料来源：澎湃号东航西北分公司 2020-10-16

二、担架旅客

担架旅客是指因受伤或生病等原因不能直立就座进行航空旅行，而必须处于水平状态乘机的旅客。

（一）承运条件

(1) 除特别批准外，原则上每一航班只限载运 1 名担架旅客；

(2) 担架旅客在乘机时应至少有一名医生或者护理人员陪同，经医生证明，病人在旅行途中不需要医务护理时，也可由其家属或监护人员陪同旅行；

(3) 担架设备安排在经济舱后部。

（二）客舱服务要求

(1) 担架旅客最先登机，最后下机；

(2) 担架旅客头部需要朝向机头方向，系好安全带，拉上帘子；

(3) 飞行中，乘务员根据医护人员或者随行人员的要求提供餐饮服务；

(4) 担架旅客上下机时，乘务员协助整理提拿物品。

【案例 8-6】东航乘务组全力配合运送担架旅客

2016 年 12 月 2 日，东方航空山东客舱部收到通知：12 月 4 日从济南飞往广州的 MU5259 航班上将有一名重病担架旅客，该旅客由于脑溢血发作导致不能自主呼吸，需用担架运送抵达广州。客舱部迅速行动，与机务、地服等相关部门讨论协商，悉心准备。执飞此次航班的乘务组更是提前做好实施预案，以确保当天迎送任务万无一失。12 月 4 日，乘务组登机后便认真仔细地为旅客检查航班中需要用到的氧气瓶、担架等物品，确保其有效性、安全性。旅客上机时，乘务组按照之前的分工有序指导、协同配合，和地服、机务工作人员以及国际救援中心的医生一起，将患者稳妥安置好，并细心帮旅客将氧气瓶固定在担架周围。

飞行途中，患者一直高烧不退，乘务长在征得随行医生的同意下，专门安排一名乘务员不停地更换湿毛巾和冰块，帮助旅客物理降温，并时刻关注旅客的动态和用氧情况。两个半小时的航程，乘务组分工合作，既确保了客舱中所有旅客的正常服务，又使患者在高空没有出现任何不适，所有生命体征正常。

飞机下降前，来自国际救援中心的黄医生专程递给乘务组一封感谢信，他代表患者家属对此次航班中每位乘务员的专业和耐心、细心、用心的服务表示感谢！

MU5259 航班安全平稳地降落在广州白云国际机场，全体乘务员齐心协力同医护人员一起将患者抬下飞机并抬上急救车。伴着救护车远去的背影，乘务组的运送任务圆满完成。

如图 8-10 所示为工作人员在固定担架旅客。

图 8-10 工作人员在固定担架旅客

资料来源：中国民航网 2016-12-05

第八节　其他特殊旅客

一、晕机旅客

（一）晕机旅客症状

晕机旅客表现为头晕、头痛、恶心感、面色苍白、上腹部不适、出冷汗等，严重时还会出现心慌、胸闷、呕吐、四肢冰凉，甚至呼吸困难、反应迟钝等症状。通常，症状在停止乘坐之后可以慢慢缓解。

（二）引起晕机的原因

(1) 个体体质差异：人体主要是从前庭、眼睛和本身感受系统来感受身体的运动和控制平衡，当这些信息产生冲突时，就会导致晕动症的发生；

(2) 过度劳累、没有休息好；

(3) 过饥或者过饱；

(4) 患有某些耳部疾病。

（三）客舱服务要求

(1) 乘务员发现旅客晕机时，耐心安抚旅客情绪，帮助旅客平稳过渡；

(2) 松开旅客的领带、腰带、安全带，帮助旅客打开通风口、放下座椅靠背、准备好清洁袋，让旅客安静休息；

(3) 为呕吐的旅客准备热毛巾和温水；

(4) 及时清理呕吐物，有条件的话，帮助旅客更换座位；

(5) 严重晕机的旅客，可以适当提供氧气；

(6) 若旅客提出需要服用晕机药，仔细询问有无服药过敏史；

(7) 乘务员原则上不主动提供晕机药；

(8) 提供机上晕机药，需要旅客填写《机上旅客用药免责单》，如图 8-11 所示；

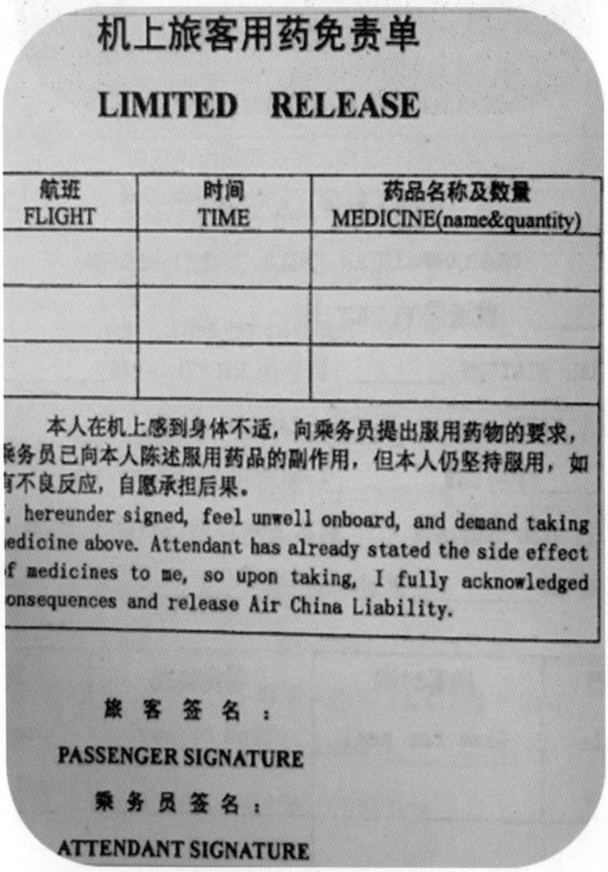

机上旅客用药免责单

LIMITED RELEASE

航班 FLIGHT	时间 TIME	药品名称及数量 MEDICINE(name&quantity)

本人在机上感到身体不适，向乘务员提出服用药物的要求，乘务员已向本人陈述服用药品的副作用，但本人仍坚持服用，如有不良反应，自愿承担后果。

, hereunder signed, feel unwell onboard, and demand taking edicine above. Attendant has already stated the side effect f medicines to me, so upon taking, I fully acknowledged onsequences and release Air China Liability.

旅客签名：

PASSENGER SIGNATURE

乘务员签名：

ATTENDANT SIGNATURE

图 8-11　机上旅客用药免责单

(9) 晕机药的最佳服用时间是航班起飞前 30 分钟；

(10) 下机时，主动帮助旅客提拿行李、搀扶下机。

二、智力或精神障碍旅客

（一）承运条件

(1) 智力或精神障碍的旅客必须提供《医疗诊断证明书》，由其主治医生填写，说明旅客适宜乘机，并且必须有成年人或者陪护人员随行；

(2) 智力或精神障碍的旅客，其行为不得对其他旅客或航班安全造成影响，否则航空公司拒绝运输。

（二）客舱服务要求

(1) 若登机时，旅客显示出精神状态异常，干扰了机组人员工作，并危及其他旅客与机组的安全，由机长通知地服人员，将其带下飞机做善后处理；

(2) 若飞机推出后，旅客显示出精神状态异常，应立即通知机长，由机长做处理决定；

(3) 若飞机起飞后，旅客显示出精神状态异常，应立即通知机长，并做好防范措施，必要时采取管制性约束；

(4) 指定乘务员全程看护，并做好客舱安抚工作；

(5) 禁止提供带酒精的饮料和伤害性的尖锐用具；

(6) 飞机落地后，做好与地服人员和医务人员的交接工作。

三、老年旅客

（一）老年人特征

所谓老年人，国际规定是指 65 周岁以上的人；我国《老年人权益保障法》第二条规定老年人的年龄起点标准是 60 周岁。老年人往往记忆力减退、动作迟缓、心理安全感下降、适应能力减弱、容易产生孤独感和空虚感。随着社会老龄化日益加重，老年人越来越多，老年人出行的频率也越来越高，乘务员在航班中为老年人服务时，要遵循尊重、安慰、关心、体贴的原则。

（二）客舱服务要求

(1) 老年旅客上下飞机时，适时搀扶，帮助提拿行李；

(2) 老年旅客的手杖安放在座椅下方或者由乘务员保管；

(3) 协助老年旅客系好安全带；

(4) 主动介绍客舱设备使用方法；

(5) 主动提供毛毯、靠枕等服务用品；

(6) 行动不便的老年旅客不能安排在应急出口座位；

(7) 飞行中，主动询问老年旅客需求，多关注老年旅客的状况；

(8) 为老年旅客提供餐饮服务时，语速要慢、音量要大；

(9) 主动推荐柔软、清淡、易咀嚼的餐食；

(10) 热饮服务以半杯为宜；

(11) 老年人常备药品要随身携带，不宜放在托运行李内；

(12) 提前告知老年旅客如何预防飞机下降阶段可能会产生的压耳感；

(13) 主动询问是否需要地面轮椅服务。

四、肥胖旅客

肥胖旅客在乘机时，由于体型比较庞大，自身行动会有诸多的不便，同时也会对其他旅客造成一定的影响。乘务员在为其提供客舱服务时，要一视同仁，不能歧视和讥讽。

(1) 主动提供加长安全带；

(2) 协助系好安全带；

(3) 不能安排在应急出口座位；

(4) 乘务员在飞行中多留心观察，适时询问旅客的需要。

五、醉酒旅客

醉酒旅客是指因酒精、麻醉品或者毒品中毒而失去自控能力，在航空旅行中明显会给其他旅客带来不愉快或者可能造成不良影响的旅客。按照民航法规相关规定，承运人有权自行判断旅客的酒后行为是否影响到了飞行安全，属于醉酒旅客，承运人可以拒绝运输。通常，对于饮酒而尚未醉酒的旅客而言，机场安检一般会予以放行，也不会被航空公司拒绝登机。

一方面，醉酒乘客不易控制自己的情绪和行为，不仅影响客舱内的乘机环境和秩序，还会对其他旅客的安全构成隐患；另一方面，酒后乘机对乘机者健康不利。酒精对人体的影响随飞行高度的增加而加重，饮用同量的酒在地面上可能没有出现或出现轻微的症状，而在高空低气压环境中，则会出现严重的酒精中毒症状。同时，醉酒飞行容易引发心脑血管疾病，一旦空中发病，难以进行有效救治。

在飞行途中遇有醉酒旅客，乘务员应当及时报告乘务长，并在后续航程中注意观察旅客的行为，提供客舱服务时可采取如下方法。

(1) 推迟酒水服务时间；

(2) 通过加冰或加水，稀释酒精含量；

(3) 推荐其他饮料和点心；

(4) 拒绝酒水服务。

若醉酒旅客行为严重失控，影响到其他旅客和飞行安全，可采用限制行为的措施。

【案例 8-7】旅客醉酒后拳砸舷窗致飞机迫降

2020 年 5 月 25 日晚，一名醉酒女性旅客在飞机飞行途中将舷窗玻璃破坏，严重影响飞行安全，航班备降郑州新郑国际机场。接到指令后，郑州机场警方迅速赶往现场了解情况，并成功控制涉事女子。如图 8-12 所示为被砸飞机舷窗。

图 8-12　被砸飞机舷窗

经核查，旅客李某，女，29 岁，因感情受挫独自喝下两瓶 250 毫升的白酒后，乘坐航班从西宁飞往杭州。在飞行途中，李某在酒精作用下情绪失控，重拳砸向飞机舷窗，导致舷窗内侧玻璃破裂。幸亏机组人员及时将其控制，未造成更大的损坏，否则后果不堪设想。检测结果显示，李某体内酒精浓度高达 160 毫克 /100 毫升，在事发时处于醉酒状态。

资料来源：中国民航报 2020-06-18

六、团体旅客

团体旅客通常指统一组织的，人数在 10 人（含）以上的，航程、乘机日期和航班相同的旅客。团体旅客的特点是喜欢随意更换座位、说话声音大、兴奋好奇、不顾及他人感受等。为了维护客舱秩序，创造良好乘机环境，团体旅客的客舱服务要求如下。

(1) 与团队负责人沟通，让其协助乘务员管理团员；

(2) 主动介绍客舱设备使用方法；

(3) 提醒团员不要触碰客舱应急设备；

(4) 提醒团员不要在客舱内大声喧哗；

(5) 加大客舱卫生清洁频次；

(6) 遇有团员大面积更换座位时，及时制止并做出解释。

七、遣返旅客

旅客被遣返通常分为拒绝入境遣返和驱逐出境遣返两种。

拒绝入境 (INAD) 遣返的原因包括证件不全、不能提供有效签证、不能提供有效护照以及其他目的地国家移民局、中转地移民局或者续程航空公司认为不能入境的原因。

驱逐出境遣返的原因包括非法入境和入境停留一段时间后有犯罪，分为有人押运遣返 (DEPA) 和无人押运遣返 (DEPU) 两种。有人押运遣返通常指押解犯罪嫌疑人。

（一）运输要求

(1) 原则上，拒绝入境的遣返者人数不受限制，但对于必须采取强制措施押解登机的遣返人员，通常不得超过 2 人 (含)；

(2) 押运人员对遣返者在航班中的行为负全部责任；

(3) 押运人员与遣返者不得安排在头等舱、公务舱和紧急出口座位，仅限乘坐经济舱并安排在最后一排，与普通旅客隔开；

(4) 在有 VVIP、VIP 的航班上，不得押运犯罪嫌疑人。

（二）客舱服务要求

(1) 乘务长接到遣返旅客乘机通知后，及时传达给每位乘务员，并做好全程监控工作；

(2) 不要将遣返者的身份暴露给航班中其他旅客；

(3) 餐饮服务时，不能给遣返者提供含有酒精的饮品和不锈钢餐具；

(4) 遣返者先上飞机后下飞机；

(5) 无人押运遣返者的证件登机后交由乘务长保管，下机时移交给地面交接工作人员。

 思考题

1. 特殊旅客的含义是什么？

2. 有哪些旅客属于特殊旅客范畴?

3. 重要旅客分为几种类型?

4. 无成人陪伴儿童的年龄范围是多少?

5. 儿童旅客客舱服务要求是什么?

6. 婴儿旅客的承运条件是什么?

7. 机上婴儿摇篮使用限制是什么?

8. 孕妇旅客的承运条件是什么?

9. 简述视听障碍旅客的范围。

10. 轮椅旅客有几种类型?

11. 简述担架旅客客舱服务要求。

12. 《机上旅客用药免责单》的使用要求是什么?

13. 简述老年旅客的客舱服务要求。

14. 简述遇有醉酒旅客的处置原则。

15. 遣返旅客分为哪些种类?

参 考 文 献

[1] Anna Ben Yehuda Rahmanan，航空餐饮简史 [OL]. 财富中文网，2019.

[2] "001 号"合资企业. 难忘的"新鲜空气"[N]. 人民日报海外版. 第 06 版，2018.

[3] 张波，刘海金. 我国航空餐饮业发展中存在的问题及对策 [J]. 商业时代，2008(14).

[4] 郑宇飞. 以精细供给推动"空中光盘"[N]. 北京日报，2020.

[5] 累计减少 39 万份机上餐食浪费！南航是怎么做到的？[OL]. 武汉发布，2020.

[6] 廉洁，杨丽明. 航空餐饮服务 [M]. 北京：中国人民大学出版社，2019.

[7] 中翼公司. 北京航食企业文化读本，2020.

[8] 朱东山，白国银，周毓瑾. 航空食品危害分析和关键控制点 [J]. 食品安全导刊，2011.

[9] 刘海英，黄希，范薇. 民用航空服务与管理 [M]. 北京：首都经济贸易大学出版社，2018.

[10] 赵爽. 浅析空中乘务员客舱播音的技巧 [J]. 戏剧之家，2016(1).